U0885196

BIANYAQILEI SHEBEI JIANXIU ZHISHI TUJIE

变压器类设备检修知识图解

蔡 敏 主 编

中国电力出版社
CHINA ELECTRIC POWER PRESS

内 容 提 要

本书是国网湖北省电力有限公司针对变电检修人员实操需求编写的专业培训教材，以图文结合的形式系统讲解变压器、互感器、电抗器等设备的检修流程与技术要点，通过大量现场操作图片和步骤分解图，直观展示核心工艺，并紧密结合行业最新规程，强调安全规范与操作标准。

本书突出实用性和岗位技能培养，摒弃冗长理论，聚焦检修现场高频作业内容，如绕组检查、套管拆装、冷却装置维护等，详细解析关键操作要领及风险点。内容设计以“结构认知—流程分解—工艺指导”为主线，帮助读者快速掌握标准化作业方法，适用于一线检修人员技能提升、电力企业培训及专业技术参考。

作为电力行业创新性培训资料，本书兼具专业性与易用性，既能作为变电检修人员的实操指南，也可为相关技术人员提供系统化的工作参考，助力提升设备维护效率与作业安全水平。

图书在版编目（CIP）数据

变压器类设备检修知识图解 / 蔡敏主编. -- 北京 : 中国电力出版社，2025. 7. -- ISBN 978-7-5239-0080-2

Ⅰ. TM407-64

中国国家版本馆 CIP 数据核字第 2025Y9Y955 号

出版发行：中国电力出版社
地　　址：北京市东城区北京站西街 19 号（邮政编码 100005）
网　　址：http://www.cepp.sgcc.com.cn
责任编辑：陈　倩（010-63412512）
责任校对：黄　蓓　常燕昆
装帧设计：赵姗姗
责任印制：石　雷

印　　刷：北京九天鸿程印刷有限责任公司
版　　次：2025 年 7 月第一版
印　　次：2025 年 7 月北京第一次印刷
开　　本：710 毫米 ×1000 毫米　16 开本
印　　张：9.5
字　　数：165 千字
定　　价：76.00 元

编委会

主　　编　蔡　敏

副 主 编　曾小平　王成智　李进扬

参　　编　张　攀　刘剑桥　罗　维　金　雷

刘南波　杨　飞　付贤东　洪　毅

吴　刚　陈　元　王　峰　李　斌

朱道敏　刘志安　柳洋洋　蔡　昂

刘新慧

前言

Preface

作为电压变换与电能传输的关键装置，变压器类设备在电网中具有极为重要的作用和地位。变压器类设备检修工作对电网安全稳定运行和可靠供电起着举足轻重的作用，掌握变压器类设备检修基本技能和标准流程是抓好检修工作的基石。

国网湖北省电力有限公司为重点解决变压器类设备检修工作面临的实际问题，组织经验丰富的技术专家从实际出发，面向基层、面向一线、面向现场编写了本书。全书共分为四章：第一章概述了变压器与互感器的基本构造；第二章讲解了变压器主体检修的各个环节，包括前期准备、现场检查、组 / 部件拆除、吊罩检修、组 / 部件安装、真空注油及油处理、试验与验收等；第三章描述了套管、储油柜、分接开关、冷却装置等组 / 部件的检修方法；第四章则专注于互感器、电抗器及消弧线圈、接地变压器的检修。

本书严格遵循 DL/T 573—2021《电力变压器检修导则》、DL/T 574—2021《电力变压器分接开关运行维修导则》、GB 50150—2016《电气装置安装工程电气设备交换试验标准》等相关规程规范。在编纂原则上，强调以岗位能力为导向；在内容定位上，注重实际操作的实用性与规范性；在表达方式上，以图示为主、文字为辅，减少了冗长的理论阐述；在结构安排上，采用模块化方式，围绕变压器类设备检修的核心任务展开，并强调了安全操作的重要性及注意事项，以便于一线运检人员在实际工作中参考。

本书可作为电网企业技能人才培养的创新性教材，有助于推动培训工作由理论转向实践，为生产标准化作业管控提供依据，进而提升一线人员的现场操作能力。

本书的编写得到了国网孝感供电公司、国网湖北电力科学研究院、国网荆州供电公司、国网湖北超高压公司、国网湖北技术培训中心（武汉电力职业技术学院）等单位的鼎力支持，在此表示衷心的感谢！

由于编者水平有限，本书难免存在不足之处，敬请各使用单位和读者提出宝贵的意见。

编　者

2025 年 3 月

Contents

目录

第一章

变压器类设备基本结构

变压器类设备分为变压器、电压互感器、电流互感器等，是变电设备的主要组成部分，变压器类设备结构复杂，种类繁多，具有较强的专业性。

本章介绍了变压器的基本结构，包括本体、套管、有载分接开关、冷却系统等；并简要介绍电压互感器和电流互感器的分类和结构。

第一节　变压器基本结构

一、整体结构

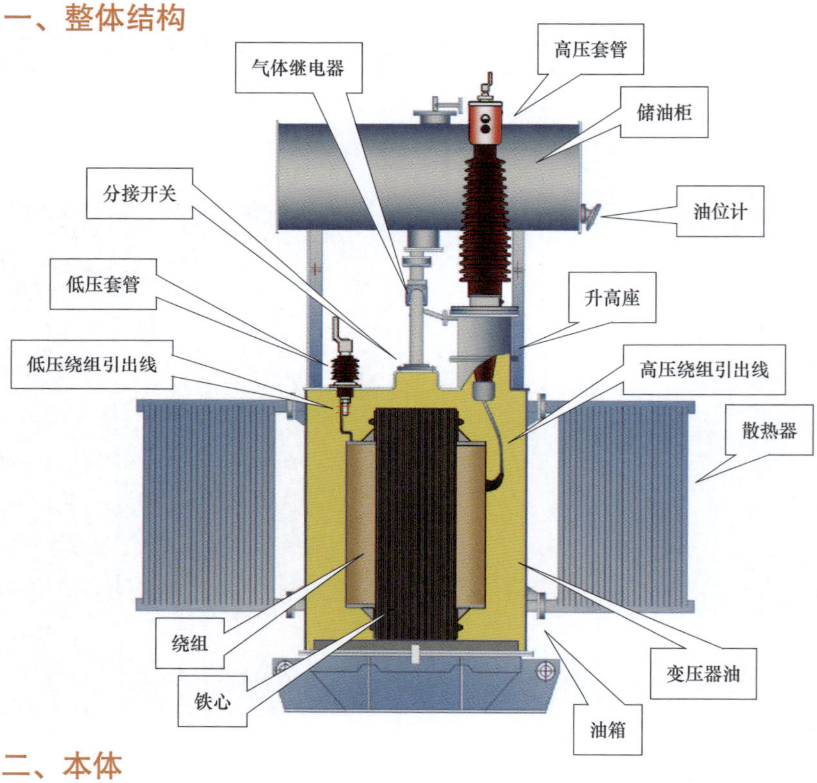

二、本体

1. 绕组

绕组是变压器输入和输出电能的电气回路，由铜扁导线绕制而成，再配置各种绝缘件组成

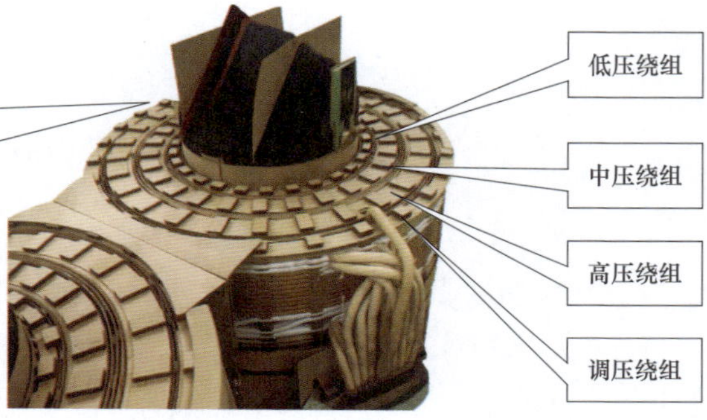

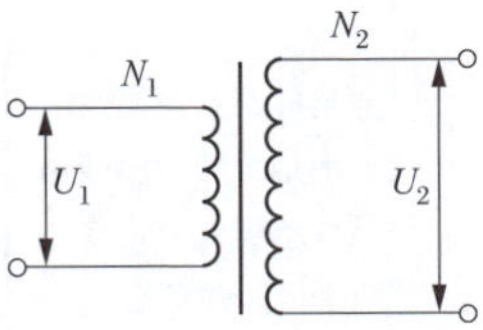

双绕组变压器：一般用于110kV及以下电压等级，只有高压和低压绕组

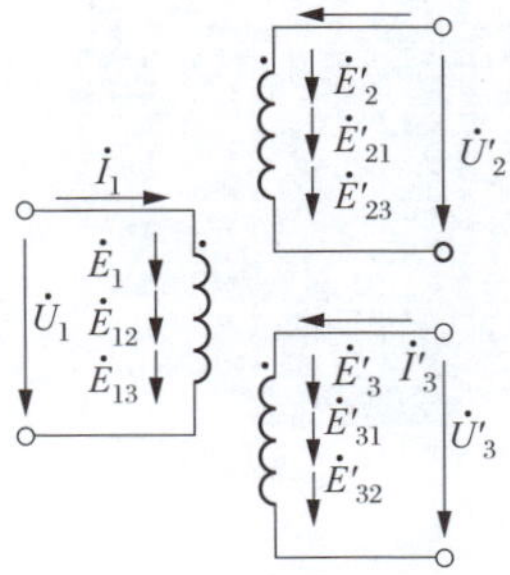

三绕组变压器：一般用于110、220kV及以上电压等级，有高压、中压、低压三个绕组

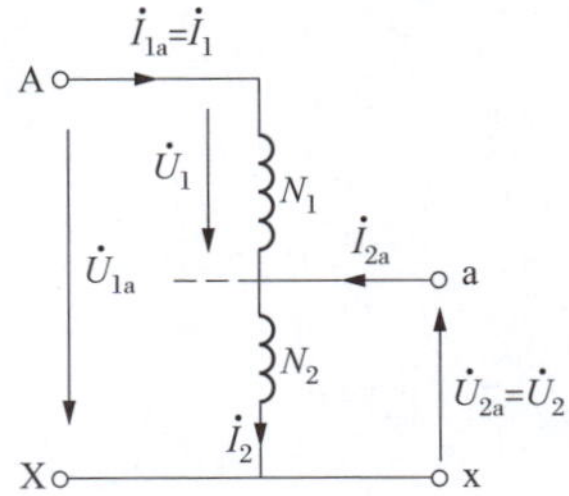

自耦变压器：一般用于500kV及以上电压等级，具有体积小、成本低、传输功率大等特点

2. 铁心

铁心是变压器中主要的磁路部分，通常由含硅量较高、表面涂有绝缘漆的冷轧硅钢片叠装而成

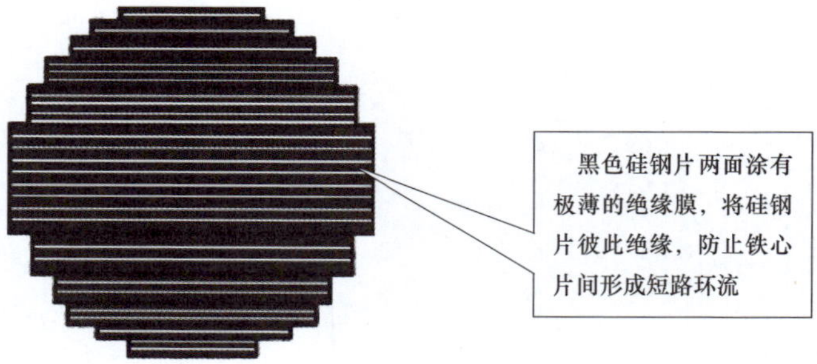

3. 油箱

（1）钟罩式油箱。

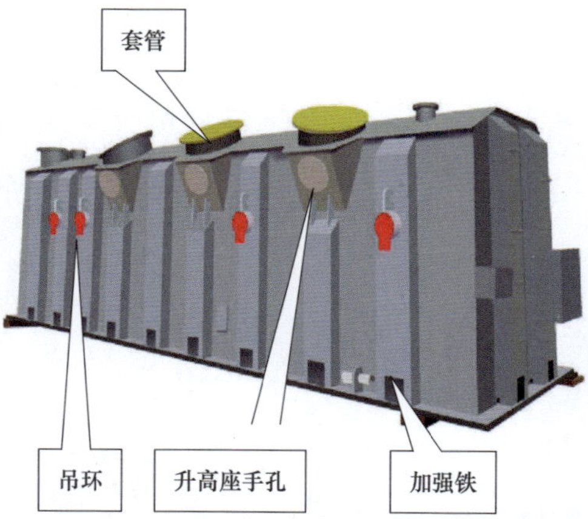

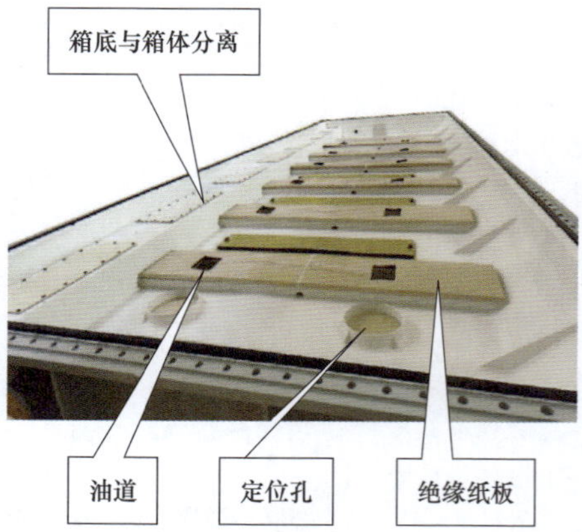

（2）箱盖式油箱。

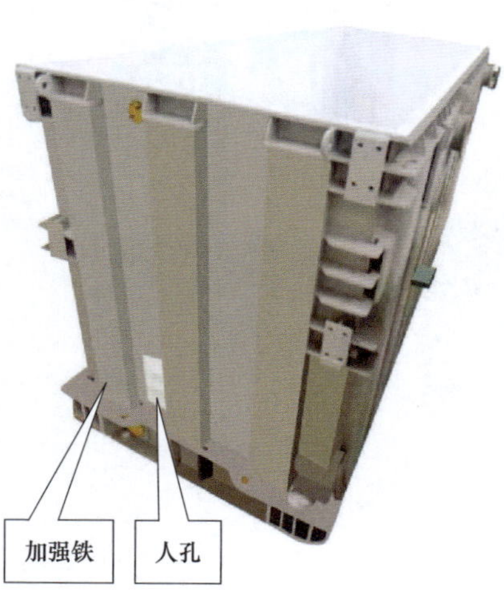

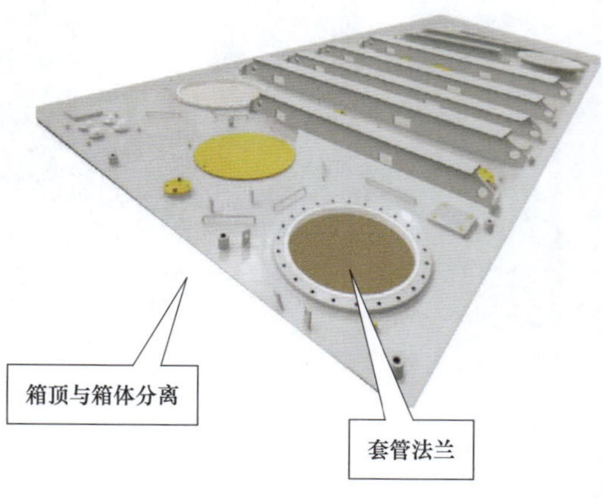

二、套管

1. 电容型套管

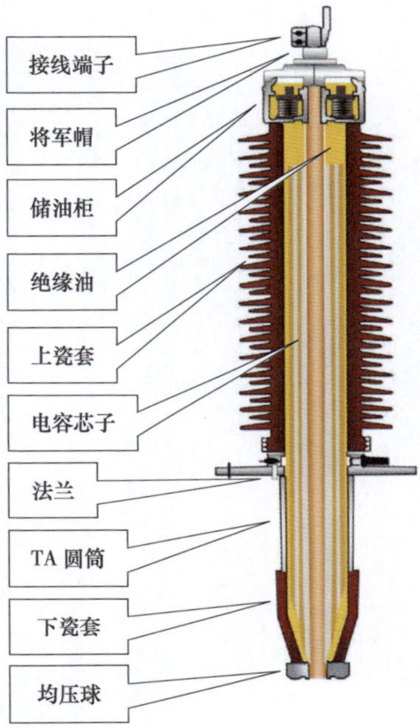

2. 纯瓷式套管

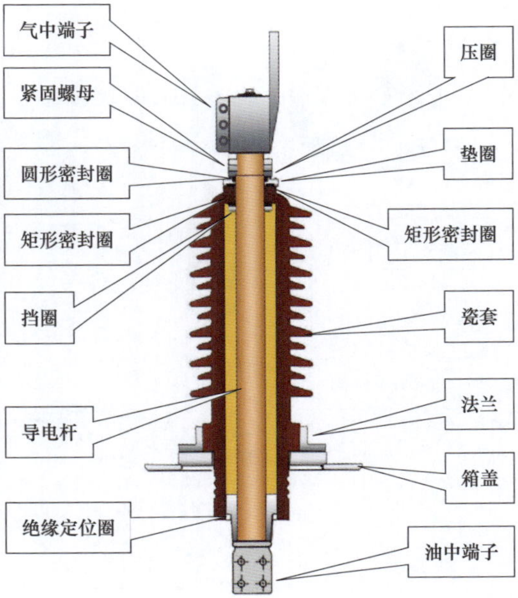

3. 干式套管

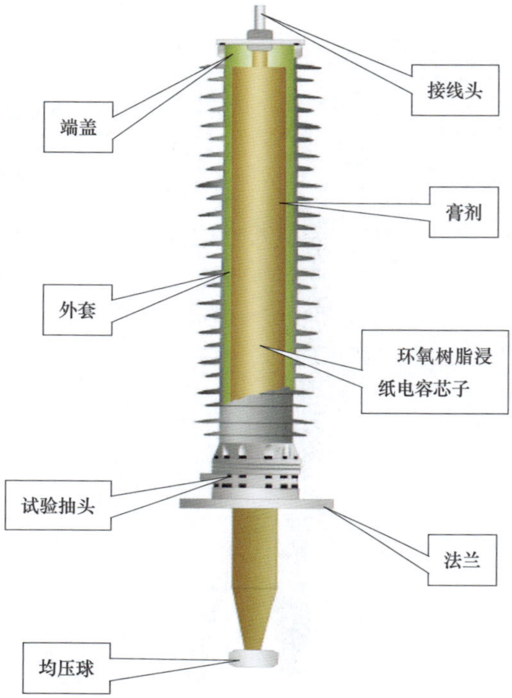

三、有载分接开关

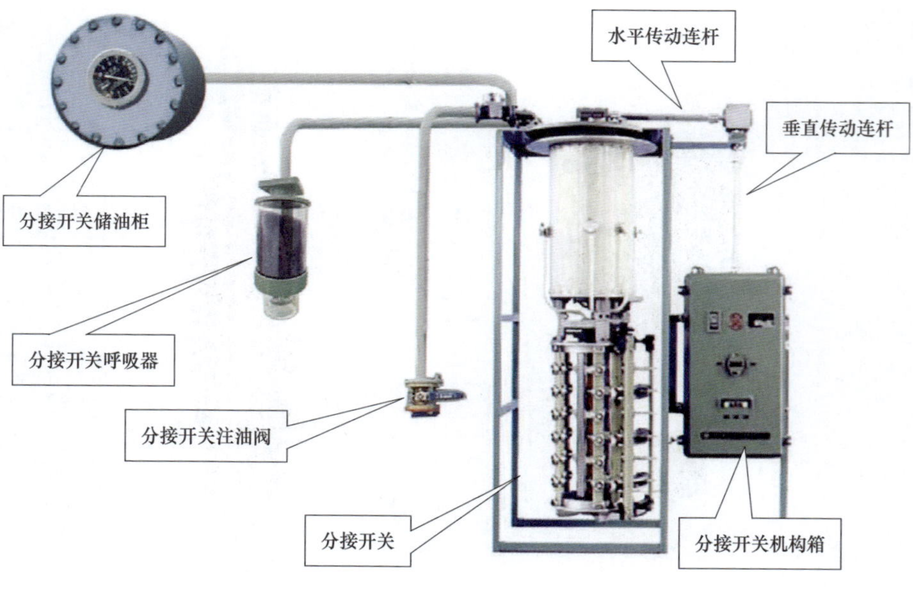

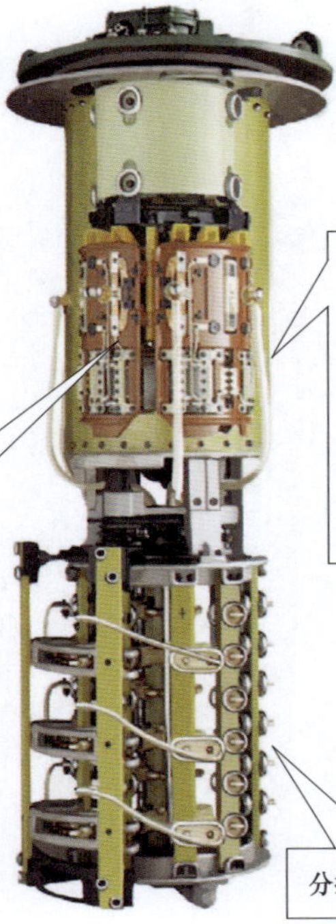
组合式有载分接开关
分接选择器触头是在无负载电流的状况下，选择分接头后切换开关触头，再进行切换，把负荷电流转换到已选的另一个分接头上
切换开关
分接选择器

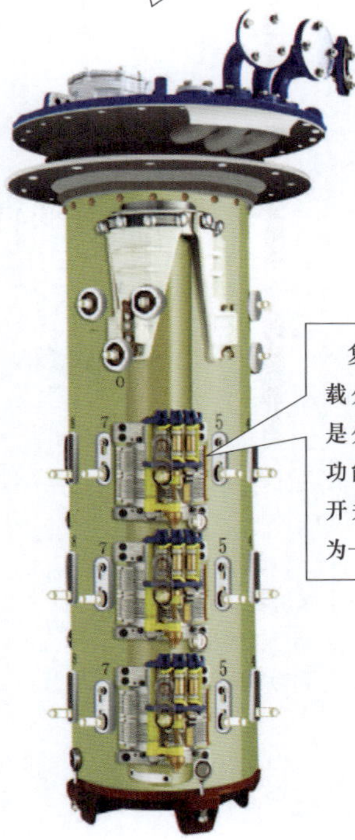
复合式有载分接开关
复合式有载分接开关是分接选择功能与切换开关功能融为一体

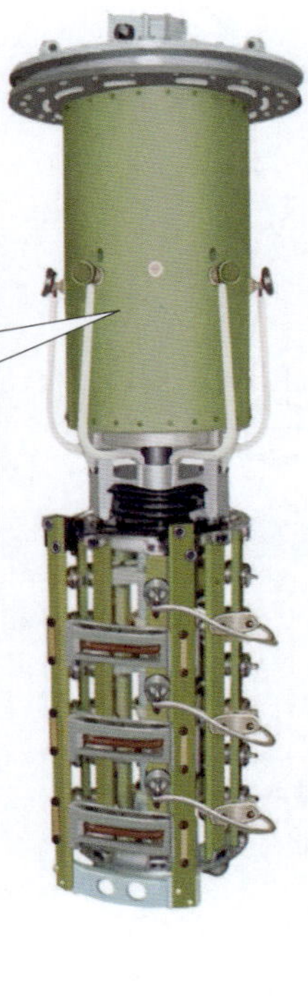
组合式与复合式真空有载分接开关结构和基本原理与上述分接开关相同

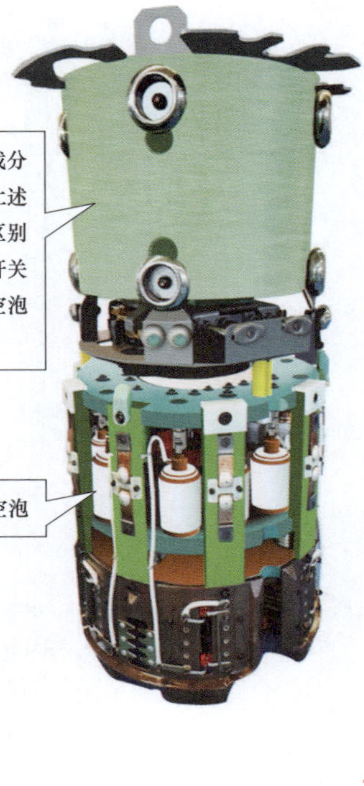
真空有载分接开关与上述分接开关区别在于切换开关灭弧在真空泡内完成
真空泡

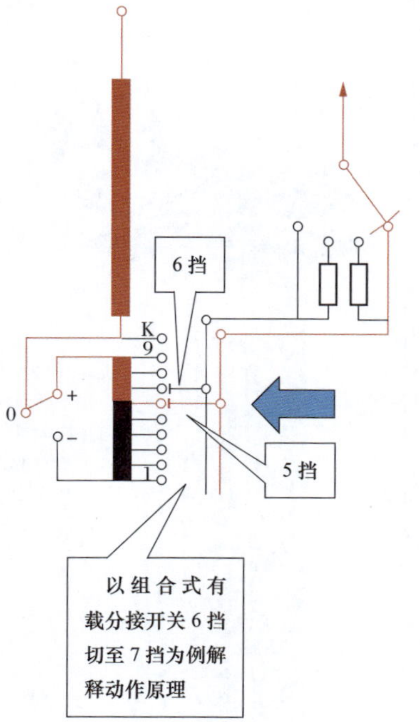
6 挡
K
9
0
+
−
1
5 挡
以组合式有载分接开关 6 挡切至 7 挡为例解释动作原理

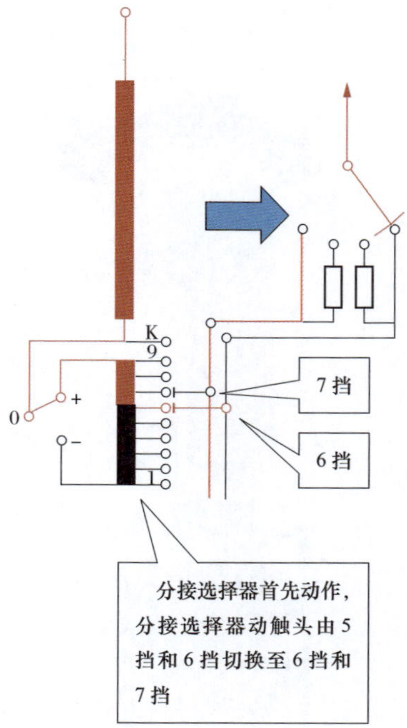
K
9
0
+
−
1
7 挡
6 挡
分接选择器首先动作，分接选择器动触头由 5 挡和 6 挡切换至 6 挡和 7 挡

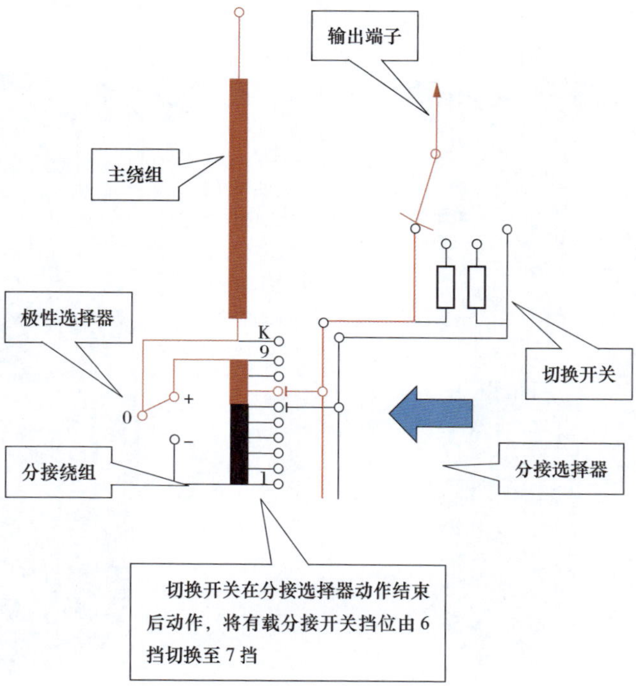
输出端子
主绕组
极性选择器
K
9
0
+
−
1
切换开关
分接绕组
分接选择器
切换开关在分接选择器动作结束后动作，将有载分接开关挡位由 6 挡切换至 7 挡

四、冷却系统

1. 冷却系统简介

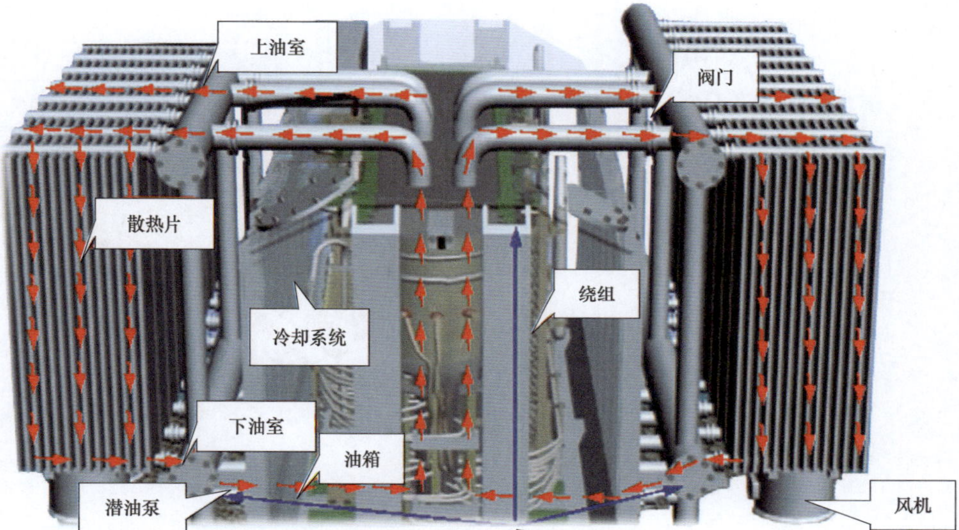

冷却系统工作原理：用潜油泵将油箱中上层的热油抽出，经上部的联管进入上油室，然后到散热器的下油室，途中经过散热片进行散热，热油靠导风筒上的风扇顺风冷却后，再打入油箱的底部，从而冷却铁心和绕组，这样反复从而形成油循环风冷却过程

2. 散热片

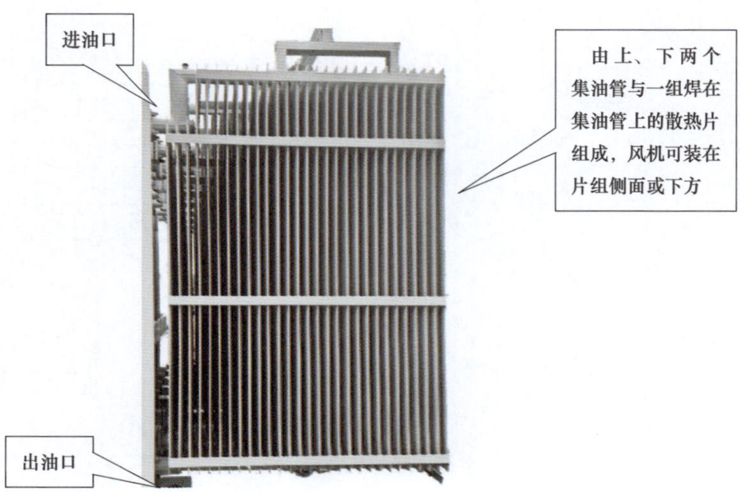

3. 潜油泵

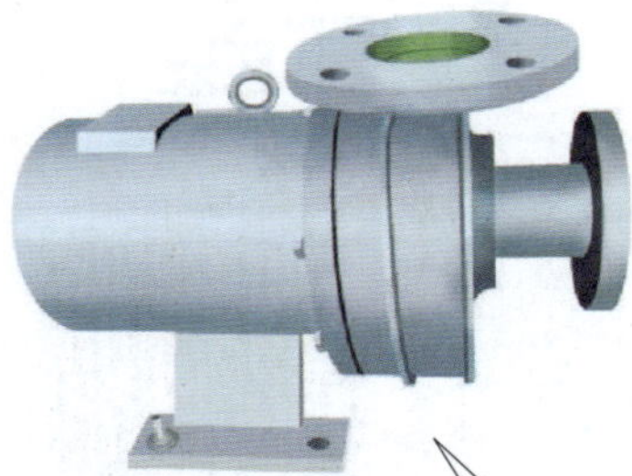

强迫油循环风冷式变压器中，潜油泵可加速变压器内绝缘油流动，加强散热效果

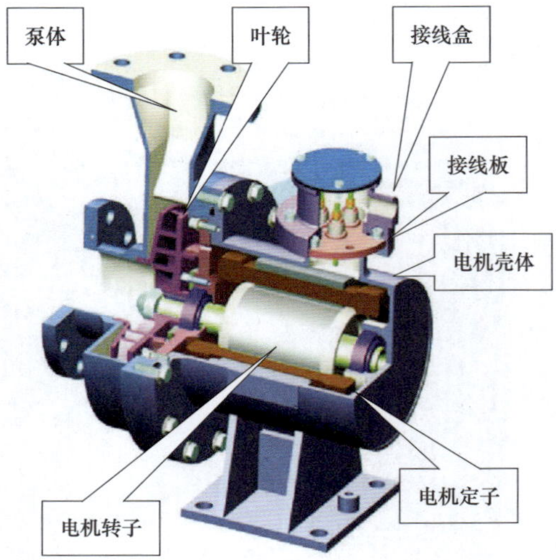

4. 风机

风机由叶轮与电机两部分构成，可加强油箱和散热片的散热效果

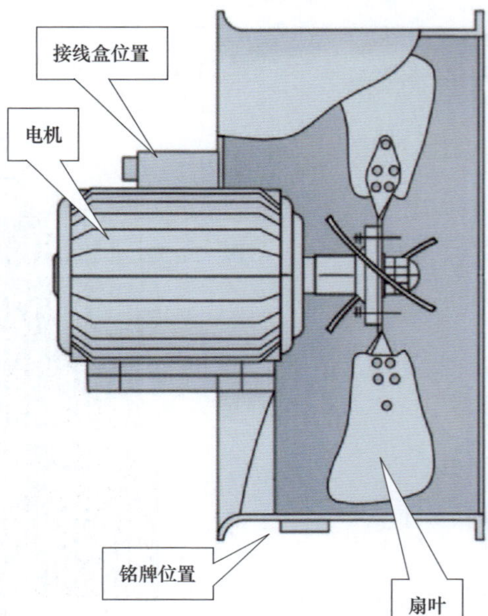

5. 阀门

（1）球阀。

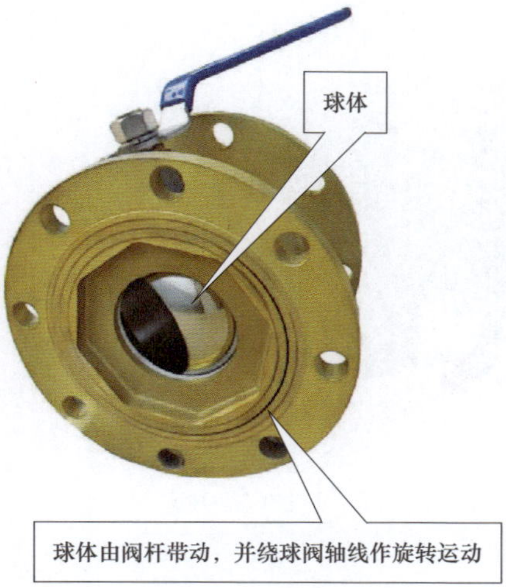
球体
球体由阀杆带动，并绕球阀轴线作旋转运动

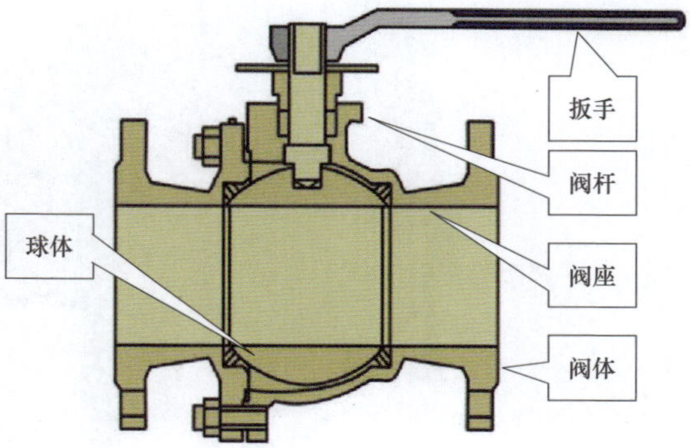
扳手
阀杆
球体
阀座
阀体

（2）蝶阀。

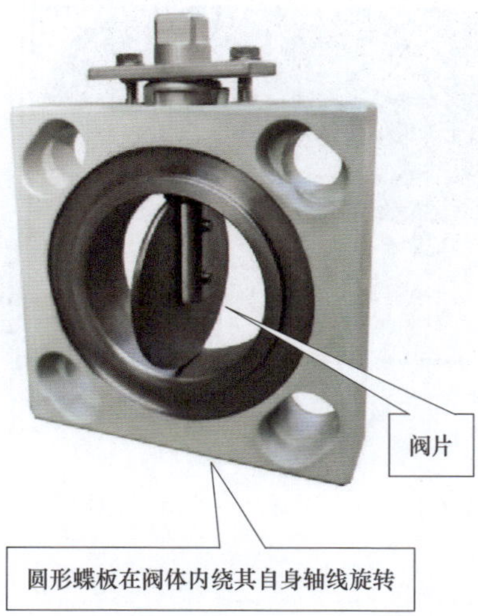
阀片
圆形蝶板在阀体内绕其自身轴线旋转

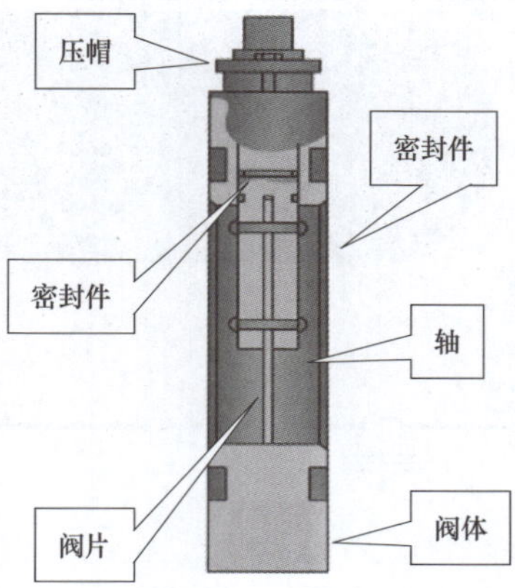
压帽
密封件
密封件
轴
阀片
阀体

五、储油柜及油保护装置

1. 储油柜

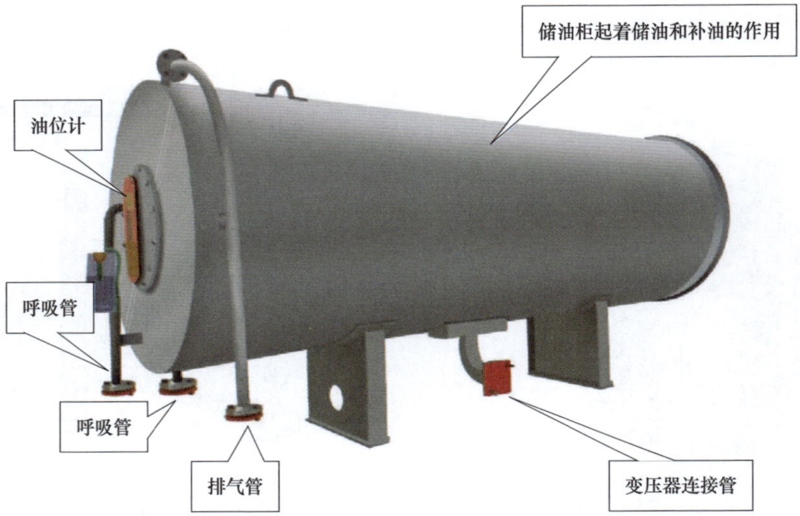

（1）胶囊式储油柜。

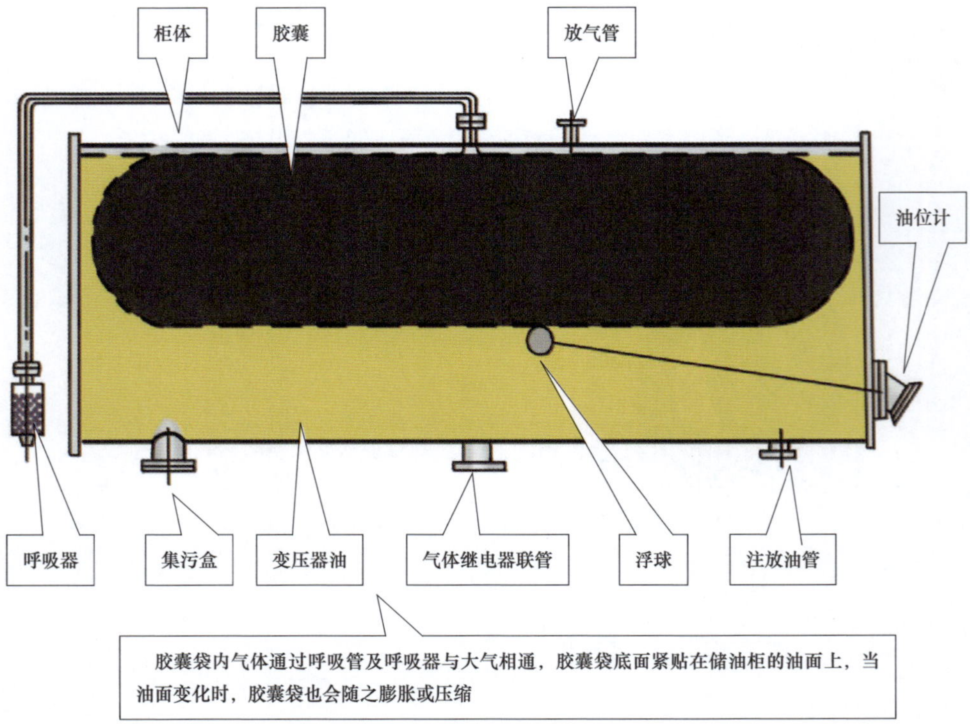

（2）外油式波纹管储油柜。

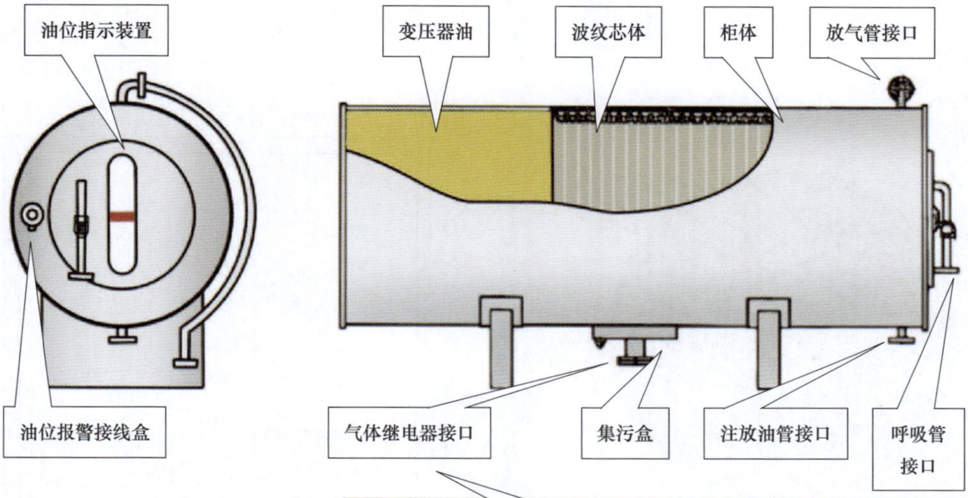

波纹管外侧与筒体之间盛装绝缘油，而波纹管内是与外界相通的空气，依靠波纹管伸缩改变储油柜内部容积实现绝缘油体积补偿

（3）内油式波纹管储油柜。

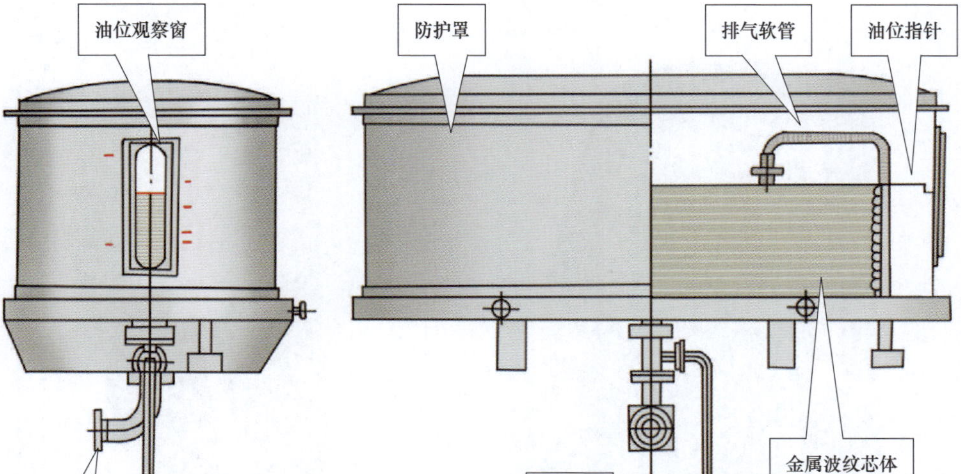

以波纹管为装油容器，根据补偿油量大小采用一个或多个波纹管将油管并联立式放在一个底盘上，外部加防尘罩，依靠波纹管上下移动进行绝缘油体积补偿

2. 油位计

（1）指针式油位计。

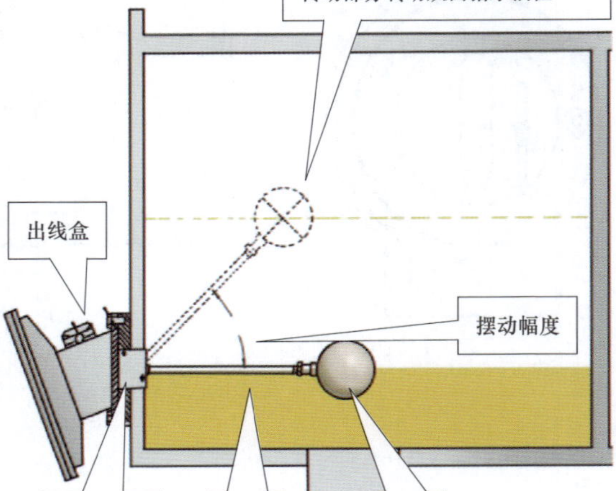

（2）拉带式油位计。

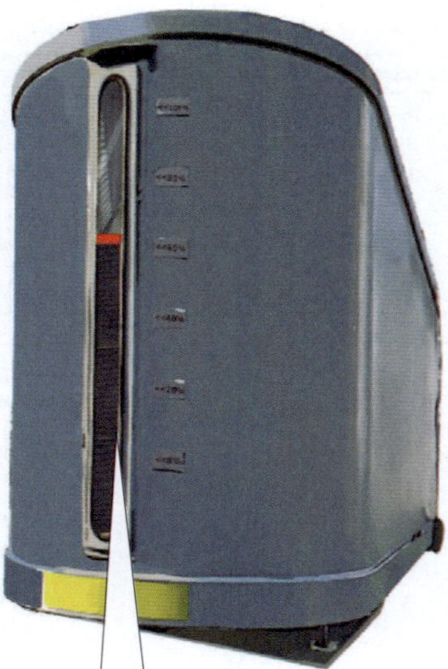

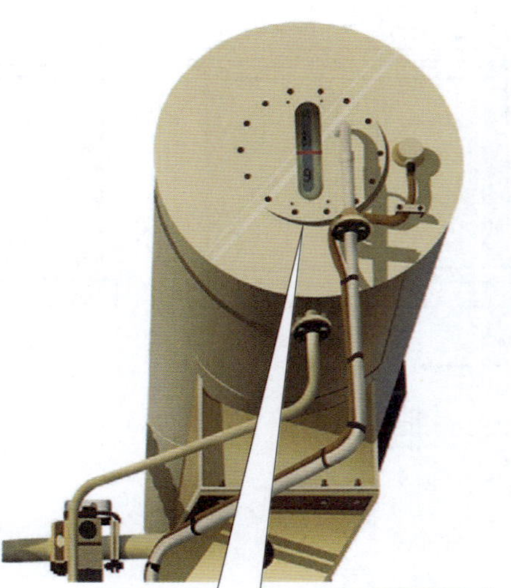

3. 呼吸器

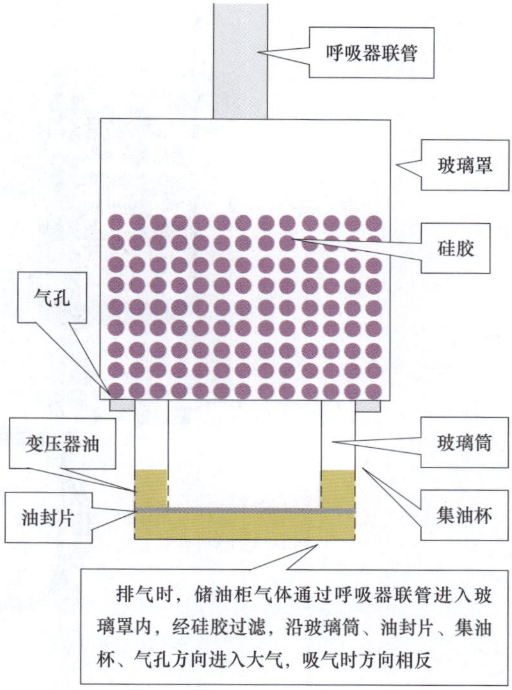

六、非电量保护装置

1. 压力释放阀

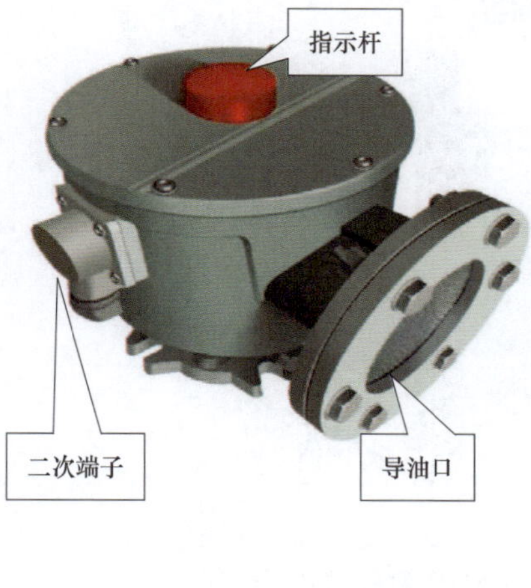

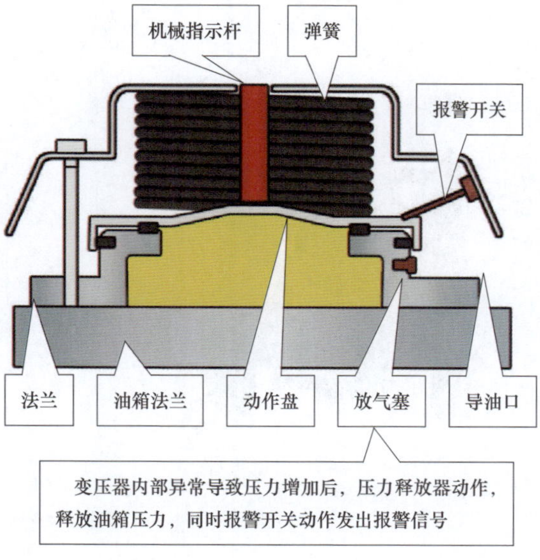

2. 温度计

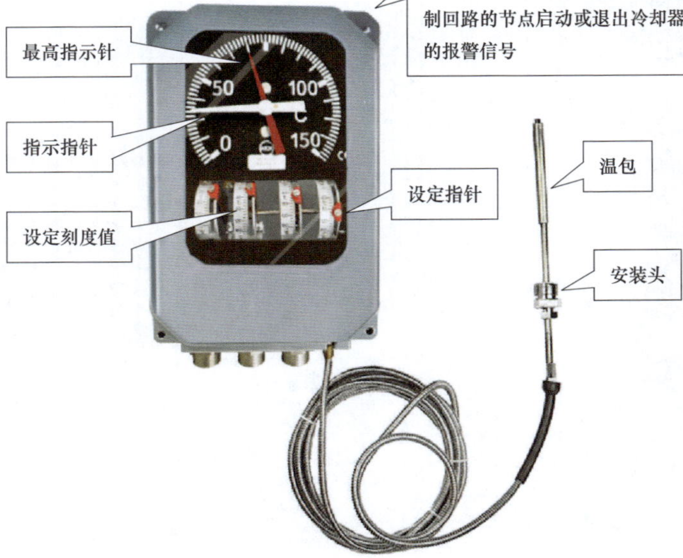

温度计用于指示上层油温和绕组温度，作为控制回路的节点启动或退出冷却器，发出温度过高的报警信号

3. 气体继电器

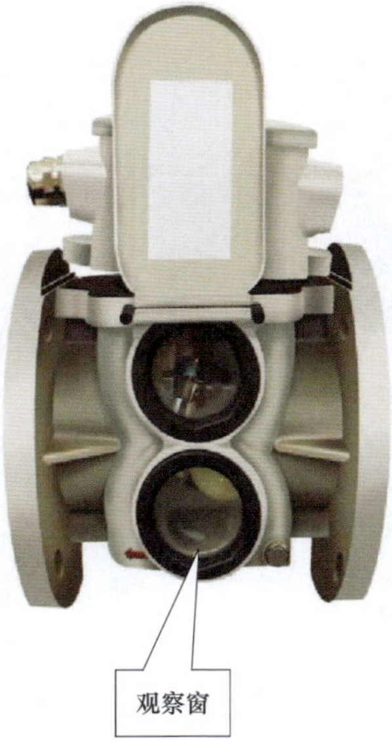

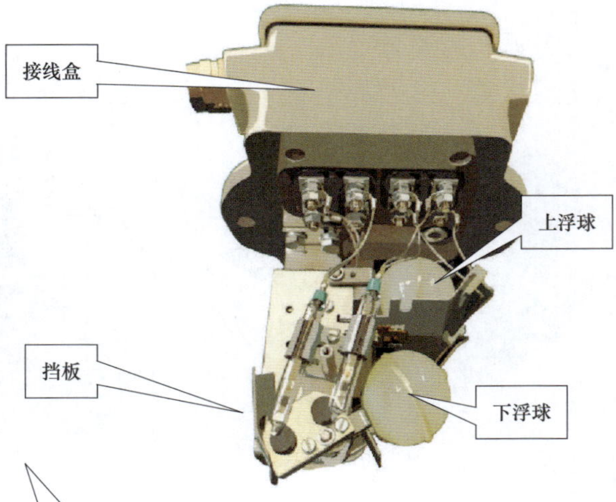

气体继电器安装在变压器本体与储油柜的连接管上，是变压器主要的非电量保护装置

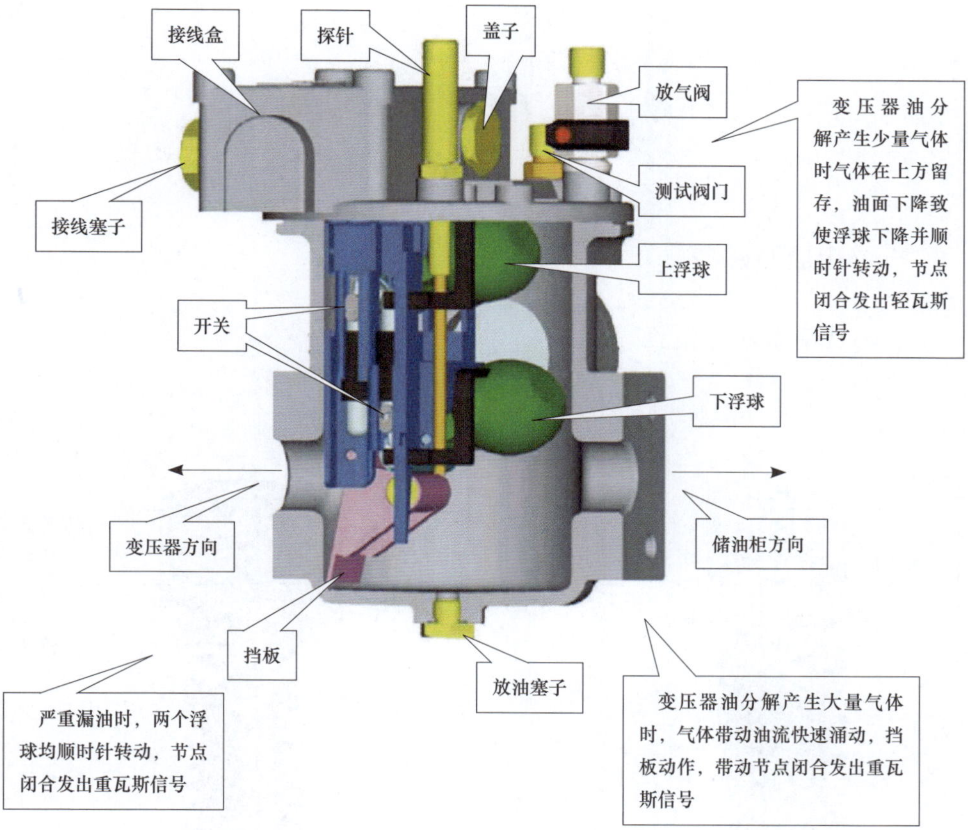
接线盒
探针
盖子
放气阀
变压器油分解产生少量气体时气体在上方留存，油面下降致使浮球下降并顺时针转动，节点闭合发出轻瓦斯信号
测试阀门
接线塞子
上浮球
开关
下浮球
变压器方向
储油柜方向
挡板
放油塞子
严重漏油时，两个浮球均顺时针转动，节点闭合发出重瓦斯信号
变压器油分解产生大量气体时，气体带动油流快速涌动，挡板动作，带动节点闭合发出重瓦斯信号

4. 油流继电器

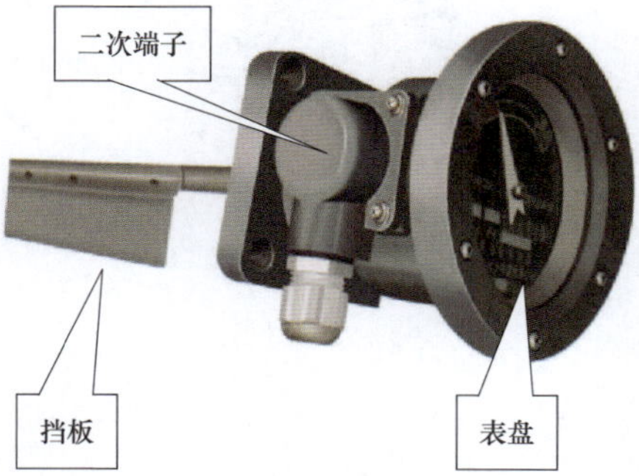
二次端子
挡板
表盘

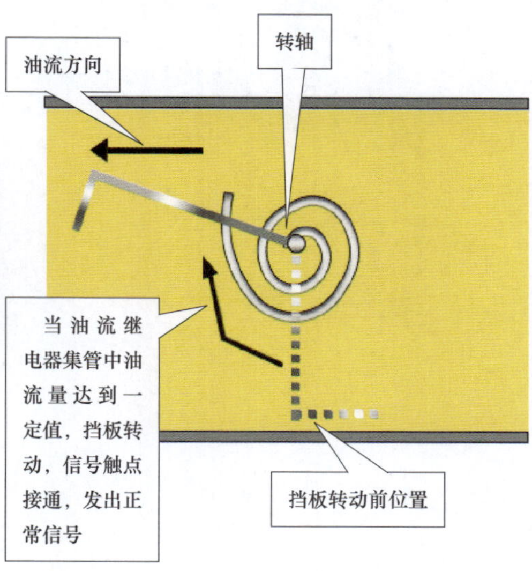
转轴
油流方向
当油流继电器集管中油流量达到一定值，挡板转动，信号触点接通，发出正常信号
挡板转动前位置

第二节　互感器基本结构

一、电流互感器

1. 油浸式电流互感器

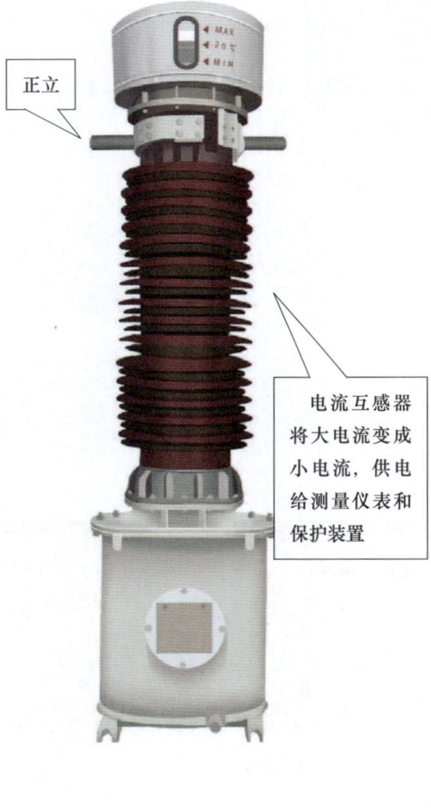

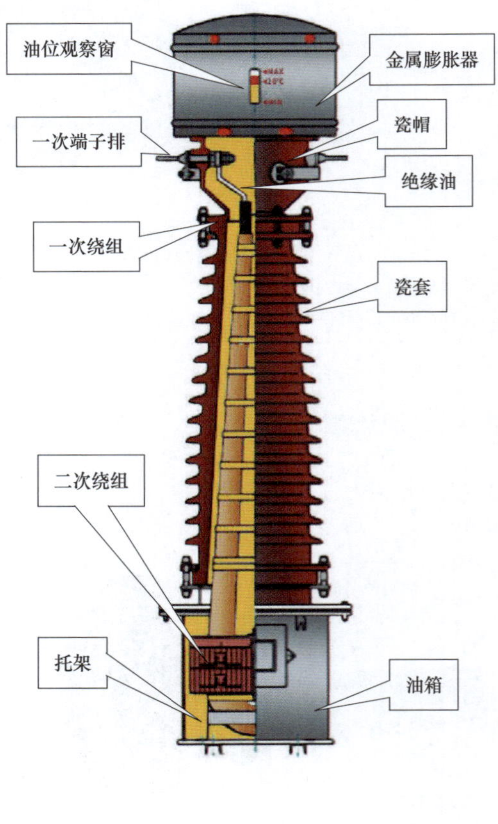

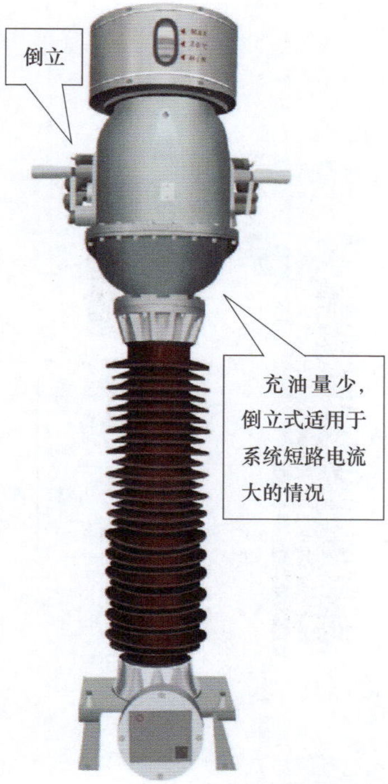
倒立
充油量少，倒立式适用于系统短路电流大的情况

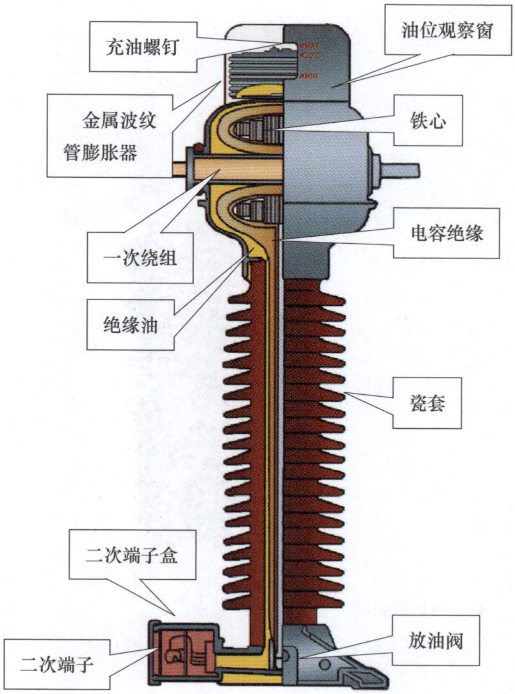
充油螺钉
油位观察窗
金属波纹管膨胀器
铁心
一次绕组
电容绝缘
绝缘油
瓷套
二次端子盒
放油阀
二次端子

2. 充气式电流互感器

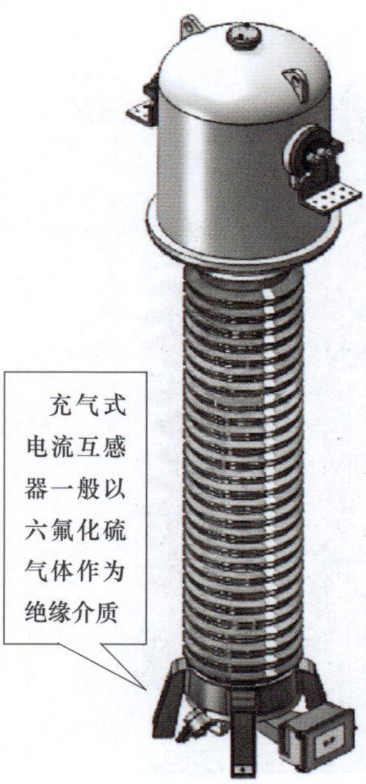
充气式电流互感器一般以六氟化硫气体作为绝缘介质

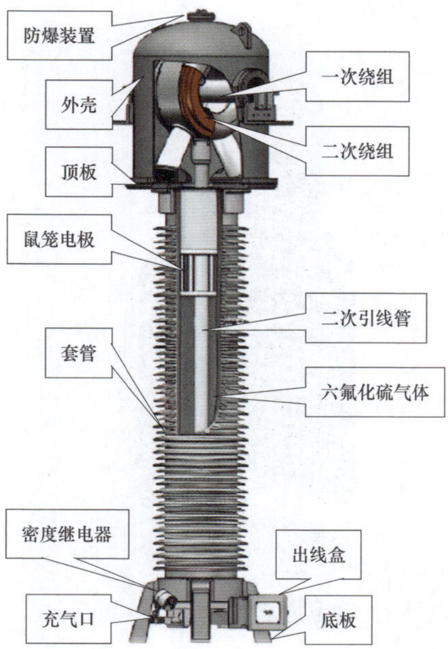
防爆装置
一次绕组
外壳
二次绕组
顶板
鼠笼电极
二次引线管
套管
六氟化硫气体
密度继电器
出线盒
充气口
底板

二、电压互感器

1. 电容式电压互感器

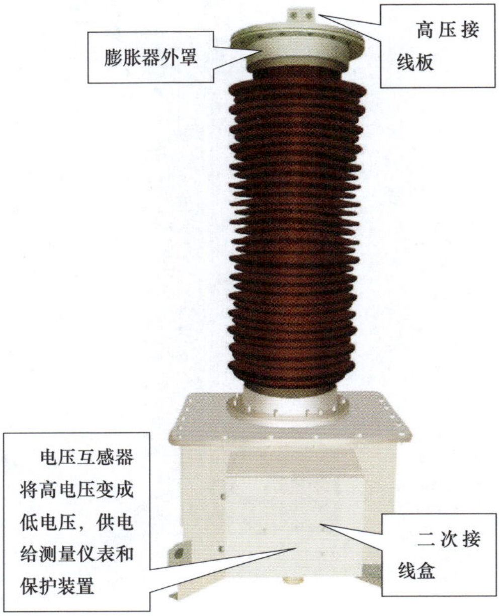

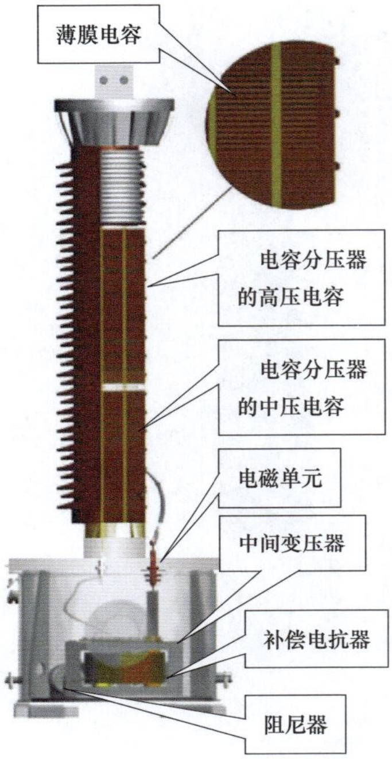

2. 电磁式电压互感器

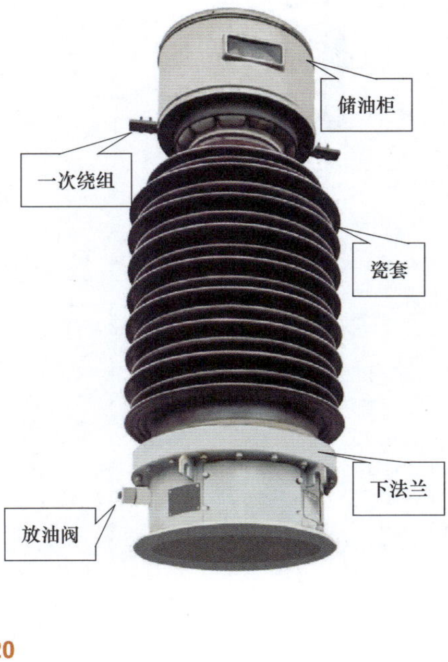

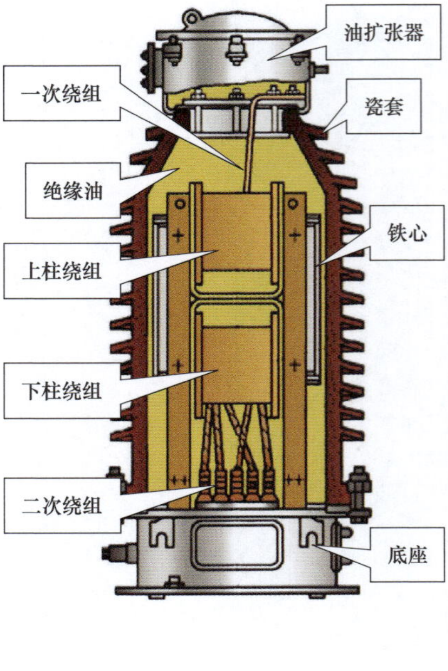

第二章

变压器器身检修

变压器是变电站的主要电气设备之一，可以说变压器是变电站的心脏。本章以流程的形式详细的介绍了变压器的器身检修，主要包括检修前准备，现场检查、排油及部件拆除、吊罩检修、组/部件回装、真空注油及油处理、试验及验收。

文中详细的讲解了各流程中的关键工艺点、技术要领及安全注意事项，具有一定的指导意义。文中部分内容，在平日工作中比较少见，比如变压器吊罩中的绕组检查、铁心及夹件检查，读者可以通过这些小节详细了解此类部件内部结构、原理及检修工艺。

第一节　检修前准备

一、工具、材料及机具准备

1. 常用工器具

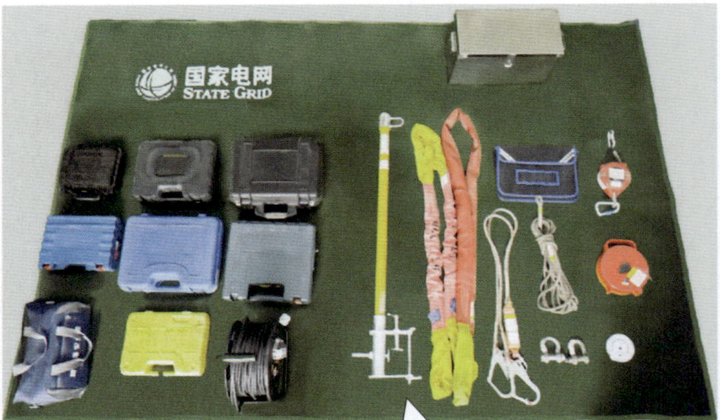

常用工器具：真空计、手砂轮、电动扳手、直阻仪、手动电钻、打孔机、安全带、电源线、悬挂器、吊带、双钩、缆绳、温湿度计、速差自控器、工具包等

2. 常用材料

常用材料：洗洁精、无水乙醇、除锈剂、变色硅胶、吸油纸、护目镜、磨片、切片、密封垫、百洁布、砂纸、抹布、氮气、防雨罩、集气盒、油位计等

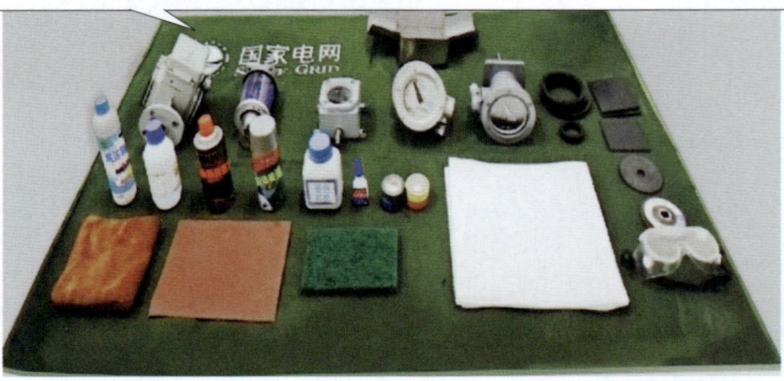

3. 机具

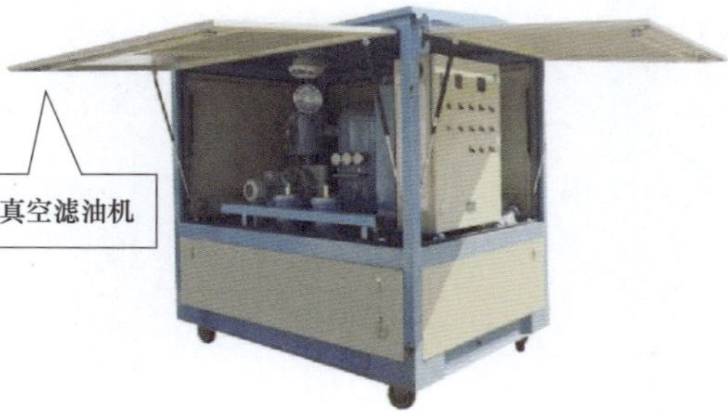

真空滤油机

干燥空气发生器

起重机

起重时由一人统一指挥，起重信号应简明、统一、畅通，分工明确

起重过程中与带电体保持安全距离，注意吊物不要与设备产生碰撞，宜采用带自动测距的起重机

高空作业车

高处作业时平台应处于稳定状态

需要移动车辆时，应收回斗、支腿，作业平台不得载人

二、现场确认

确认具备相应检修条件，例如：与现场勘察情况一致，天气晴朗，相对湿度不大于75%

第二节 现场检查

一、安全措施确认

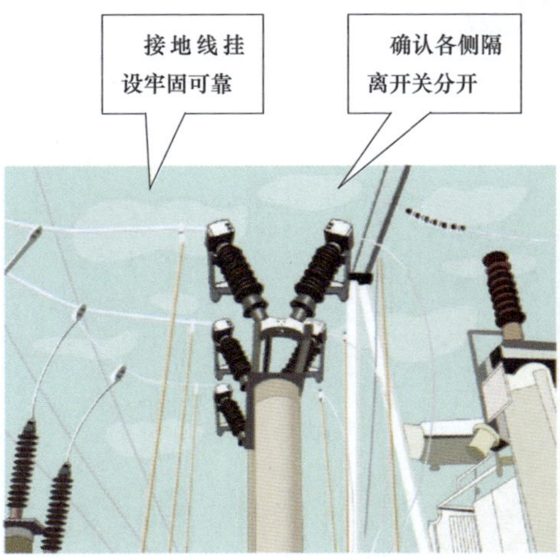

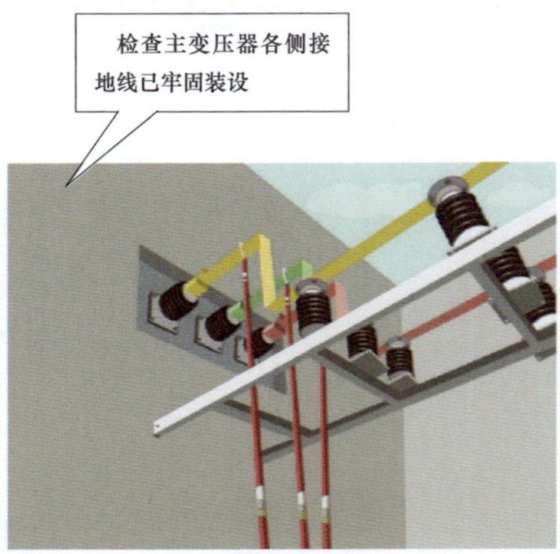

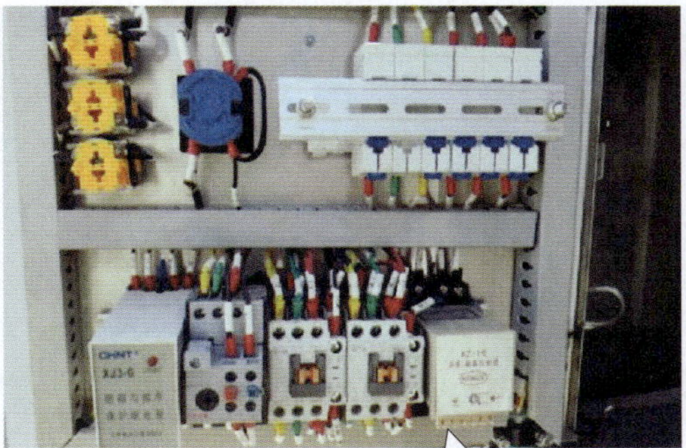

二、班前会

---

❶ 交代工作任务，交代安全措施及技术措施，交代工作中存在的危险点。

❷ 检查两穿一戴是否合格，检查精神状态是否良好，检查工器具是否合格。

第三节　排油及组 / 部件拆除

一、解引线

二、修前电气、油化试验

三、主变压器排油

110（66）kV 及以上电压等级的变压器为缩短本体暴露时间，宜采用充干燥空气排油

完成排油后，主变压器底部放油阀应及时关闭。变压器本体油与分接开关油应分开排放、分开存储

检查滤油机、真空泵等设备是否完好，油罐、管路等辅助设备保持清洁干燥，合理安排油罐、油桶等工器具放置位置，并与带电设备保持足够的安全距离

四、拆除套管

1. 穿缆式套管

拆开套管顶部将军帽，脱开内引线头

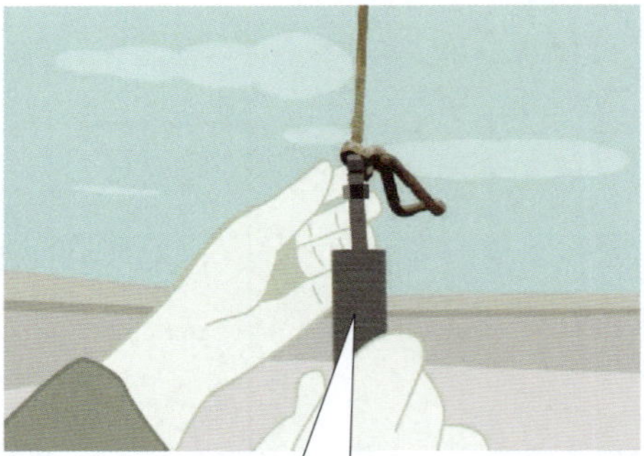

用专用带环螺栓拧在引线头上，并拴好合适的吊绳

依次对角松动法兰螺栓，在全部松开法兰螺栓之前，应用起重机和可以调整套管倾斜角度的吊索具吊住套管（不受力）

调整起重机和吊索，保持套管的安装角度并微微受力之后方可松开法兰螺栓

拆除法兰螺栓，先轻轻晃动，使法兰与密封胶垫间产生缝隙后，再调整起吊角度与套管安装角度一致后方可吊起套管

使用牵引绳徐徐落下引线头，继续沿着套管的安装轴线方向吊出套管并防止碰撞损坏

拆下的套管应垂直放置于专用的作业架上，中部法兰与作业架用螺栓固定3个或4个点，使之连成整体避免倾倒

2. 导杆式套管

导杆式套管应先拆除下部与引线的连接，再进行吊装

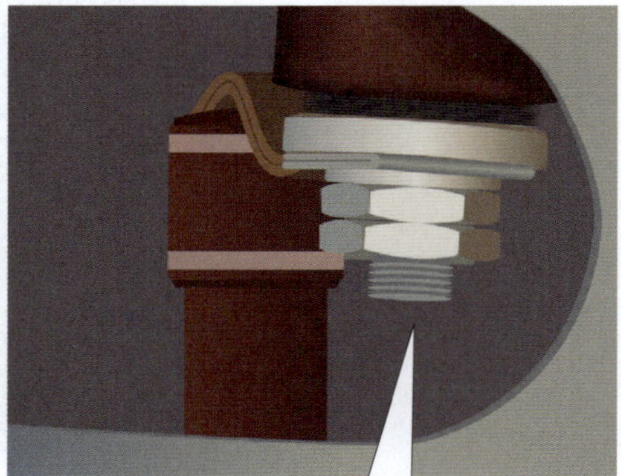

导杆下方局部放大图

五、升高座拆除

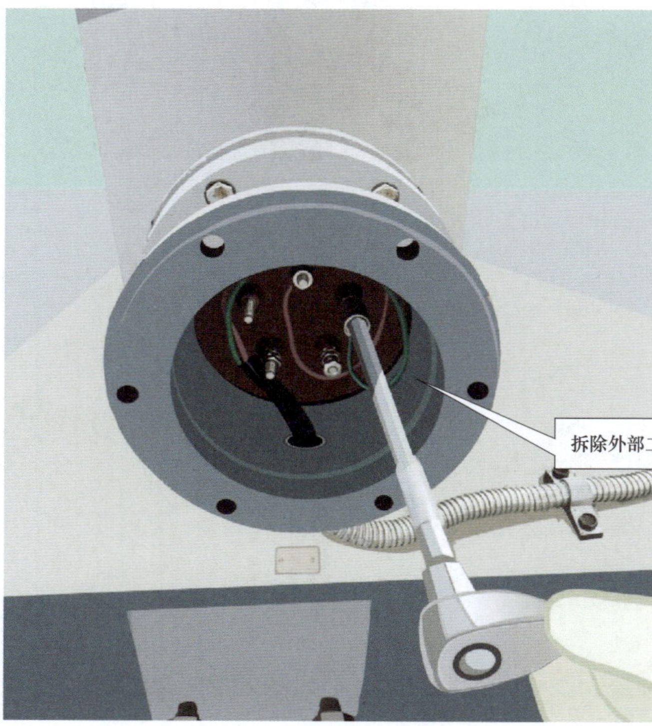

拆除外部二次连接线

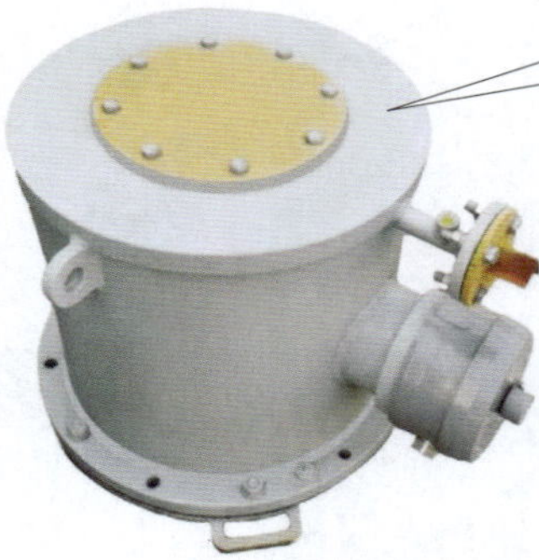

六、非电量保护装置拆除

1. 气体继电器拆除

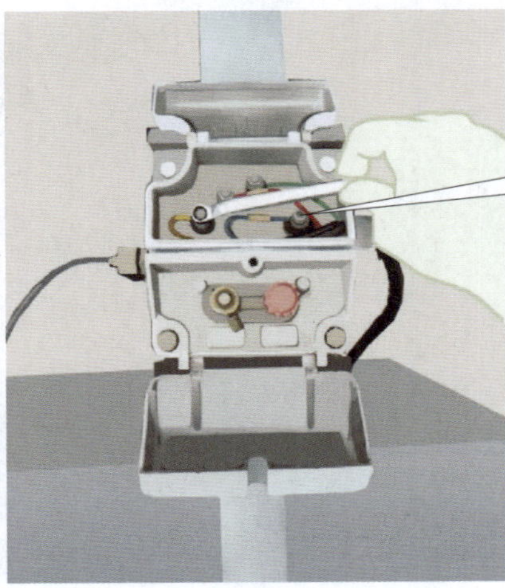

关闭两侧蝶阀

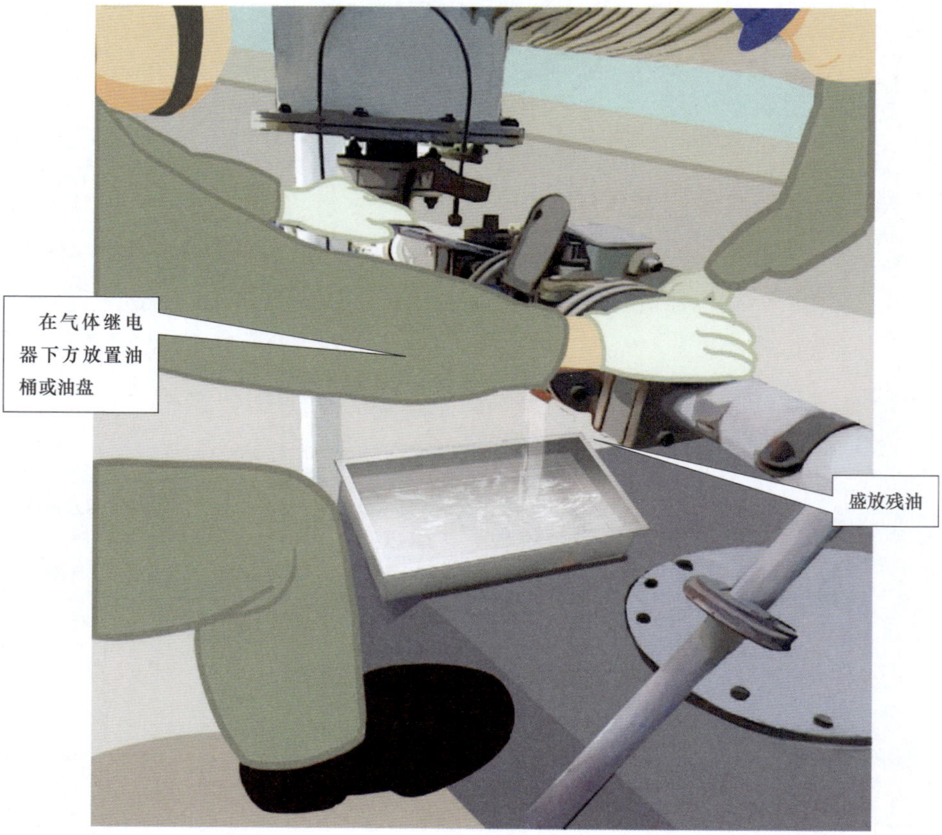
在气体继电器下方放置油桶或油盘
盛放残油

拆除两端
法兰的连接
螺栓，取下
气体继电器

2. 绕组温度计拆除

拆开温度计二次接线，按
电源线、信号线分类，做好
标记，用绝缘胶带绑扎，注
意原有记号牌不要滑落

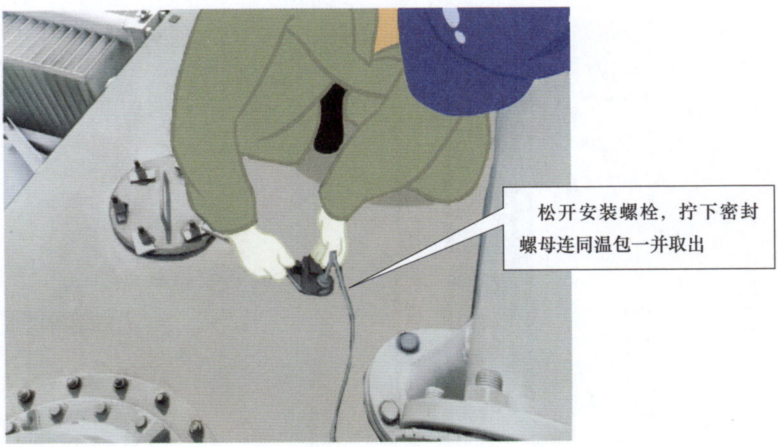
松开安装螺栓，拧下密封
螺母连同温包一并取出

3. 压力释放装置拆除

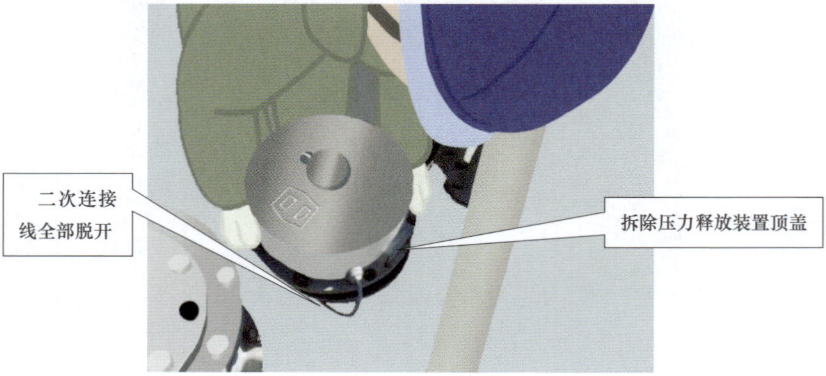

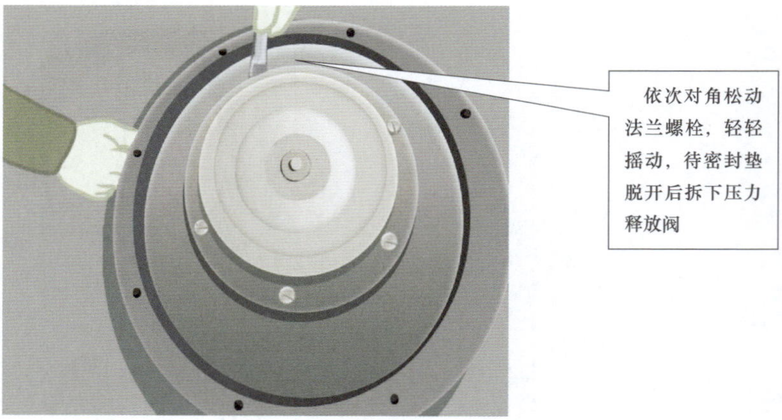

七、呼吸器拆除

八、储油柜拆除

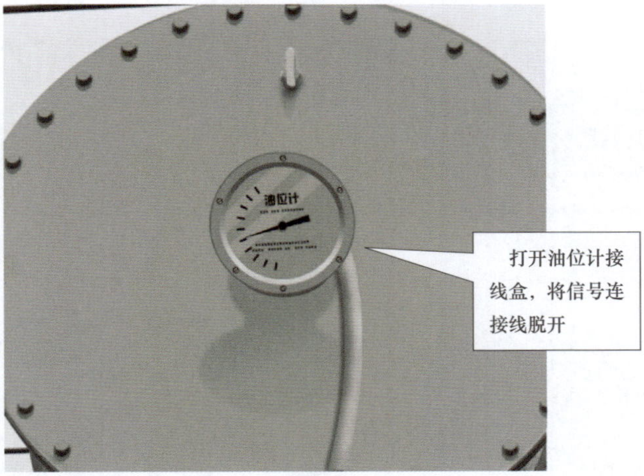
油位计
打开油位计接线盒，将信号连接线脱开

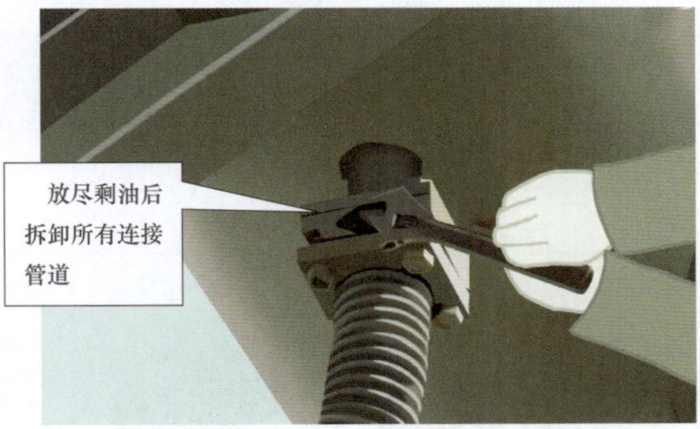
放尽剩油后拆卸所有连接管道

用起重机和吊具吊住储油柜，拆除储油柜固定螺栓，吊下储油柜

拆除顶部连通管，吊离至地面密封保存，吊装使用缆绳，吊装过程避免碰撞变压器组部件

九、指针式油位计拆除

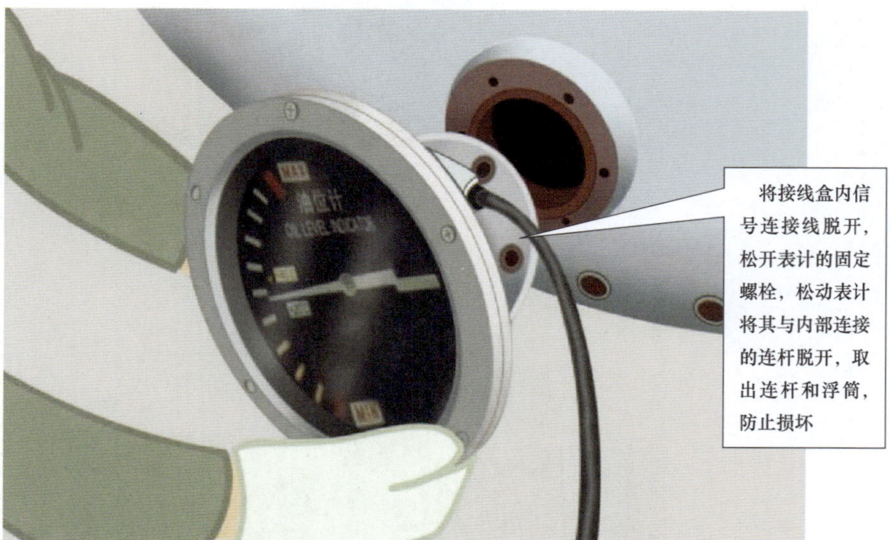
将接线盒内信号连接线脱开，松开表计的固定螺栓，松动表计将其与内部连接的连杆脱开，取出连杆和浮筒，防止损坏

十、切换开关吊芯

1. 组合式有载分接开关

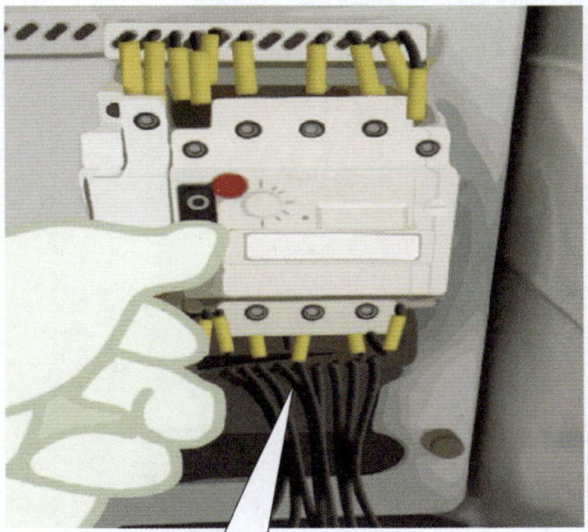

检查二次空气开关已断开

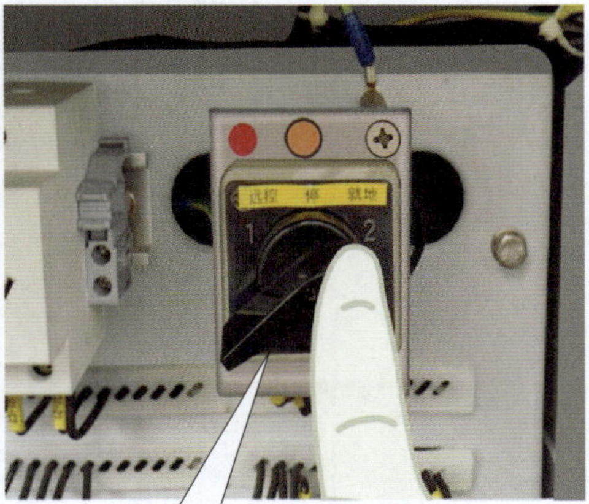

位置选择开关在“就地”位置

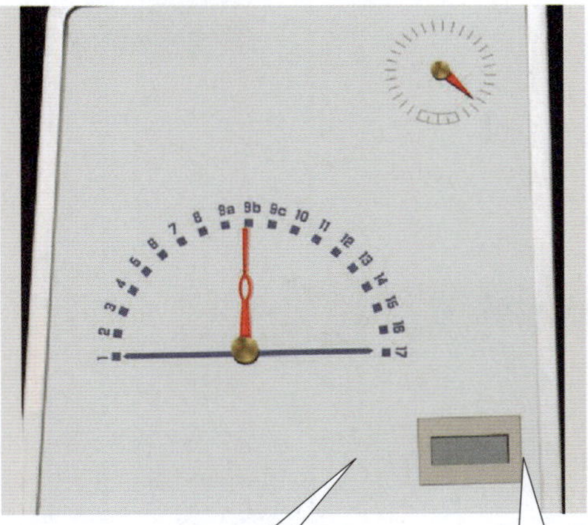

检查电动机构，应在整定工作位置，机构箱与本体位置指示一致，整定工作位置按说明书规定

调压机构箱位置

调压机构本体位置指示

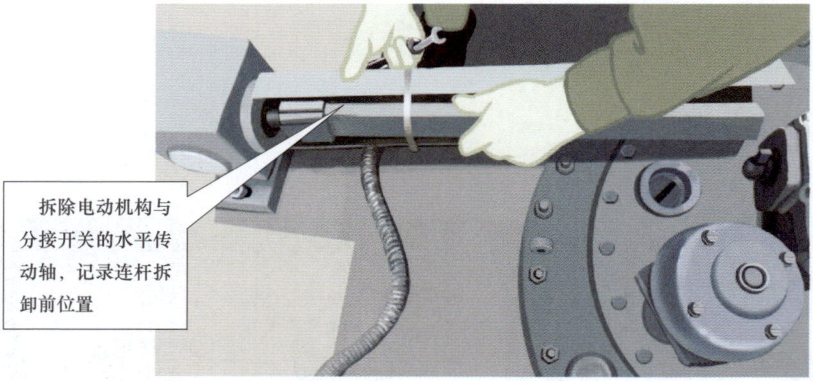
拆除电动机构与分接开关的水平传动轴，记录连杆拆卸前位置

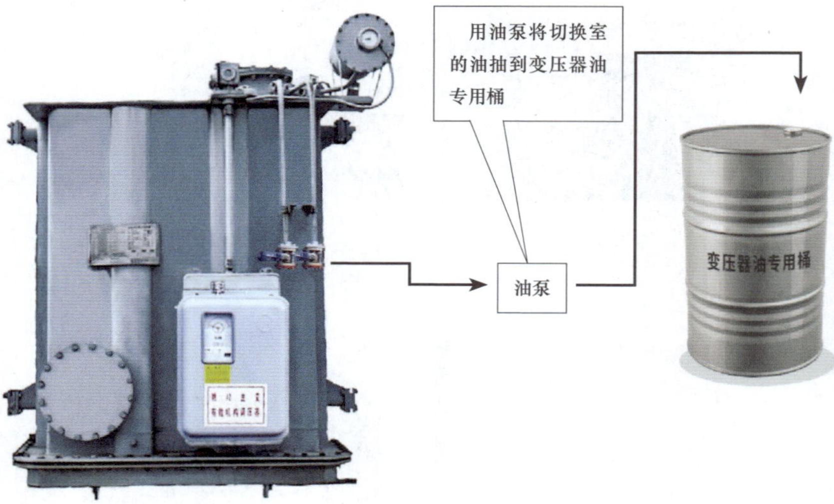
用油泵将切换室的油抽到变压器油专用桶
油泵
变压器油专用桶

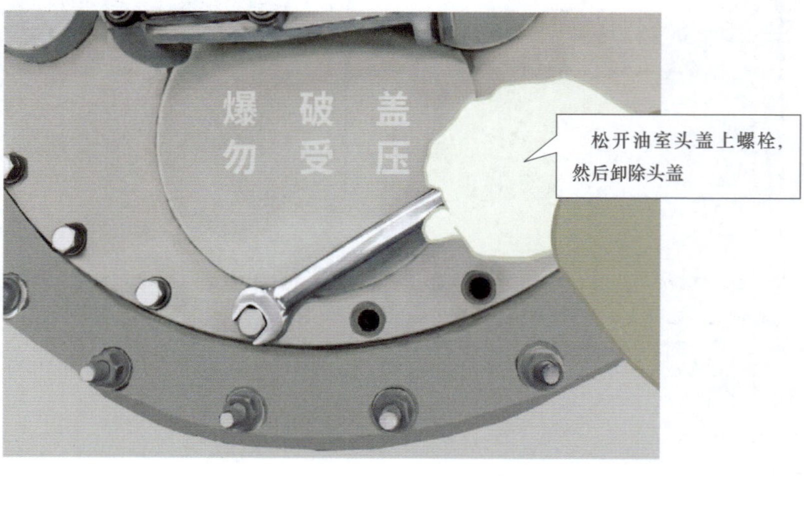
爆　破　盖
勿　受　压
松开油室头盖上螺栓，然后卸除头盖

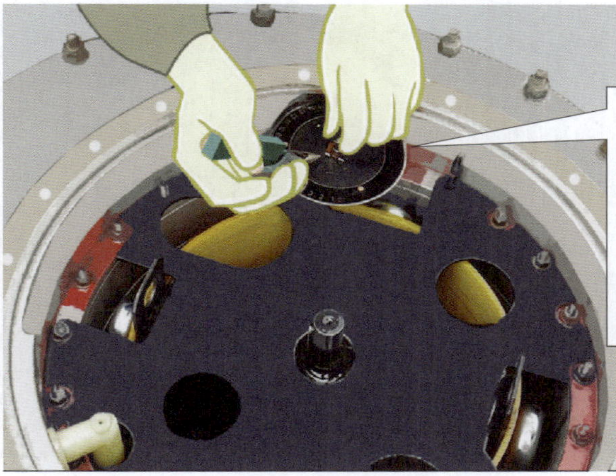
卸除分接位置指示盘上固定螺栓，然后向上拨出指示盘，卸下头部法兰边上红色区域内的螺母，注意保存固定轴上定位销及卡件

垂直缓慢地吊起切换开关芯体，并安放在平坦清洁的地方，然后用清洁布盖好，防止异物落入，不得碰坏吸油管和位置指示传动轴

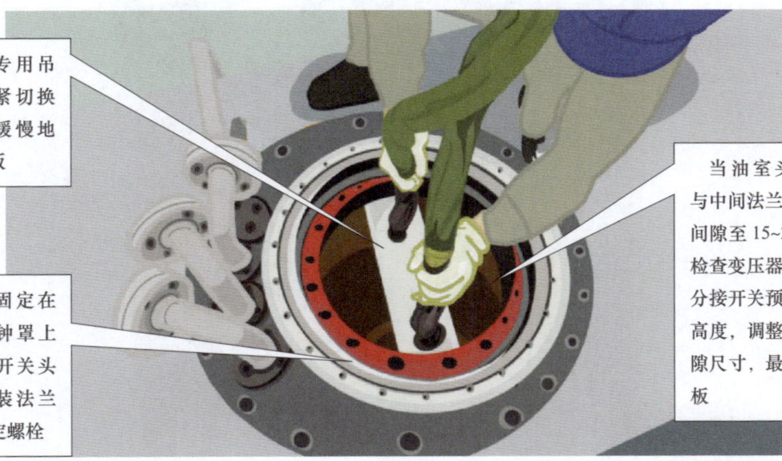
利用专用吊板，吊紧切换油室，缓慢地放下吊板
卸除固定在变压器钟罩上的分接开关头部，安装法兰上的固定螺栓
当油室头部法兰与中间法兰之间脱开间隙至15~20mm时，检查变压器器身上的分接开关预装支架的高度，调整至上述间隙尺寸，最后去掉吊板

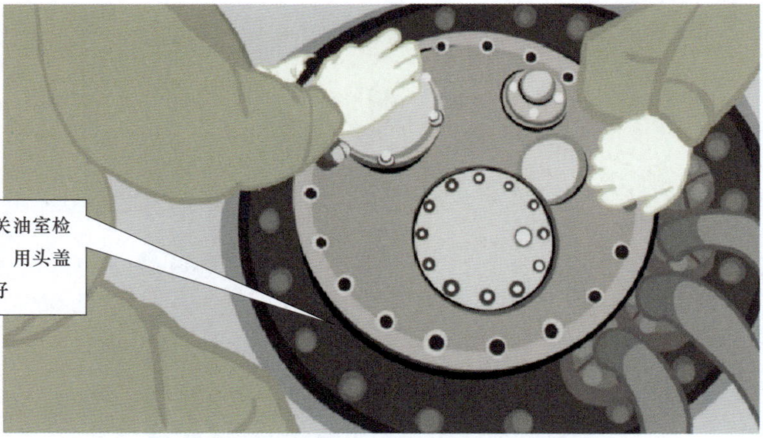
切换开关油室检查结束后，用头盖将油室盖好

2. 复合式分接开关

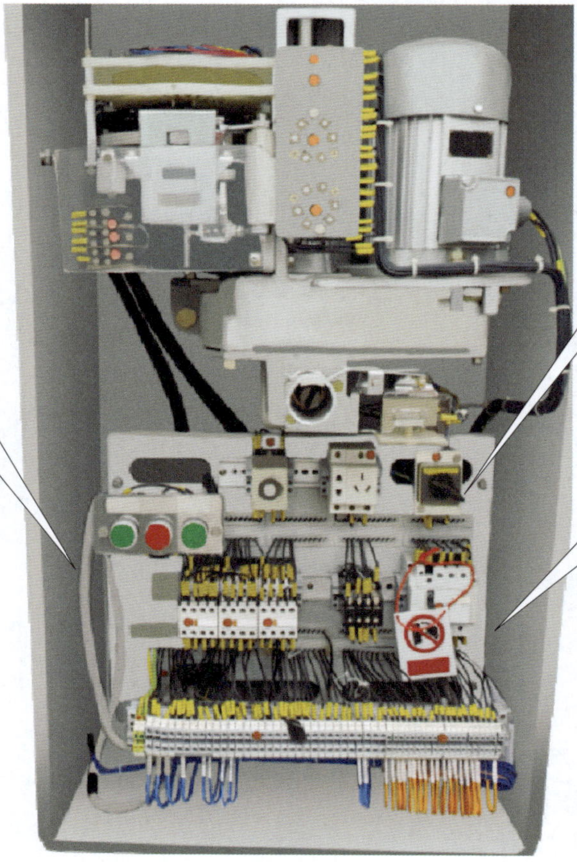
调整分接开关从n到1方向至整定工作位置
位置选择开关切换到“就地”
切断分接开关操作电源

从传动水平轴连接托架上卸除螺栓，拆去转动方管，记录拆卸前连杆位置，拆开头盖上螺栓，然后移开头盖

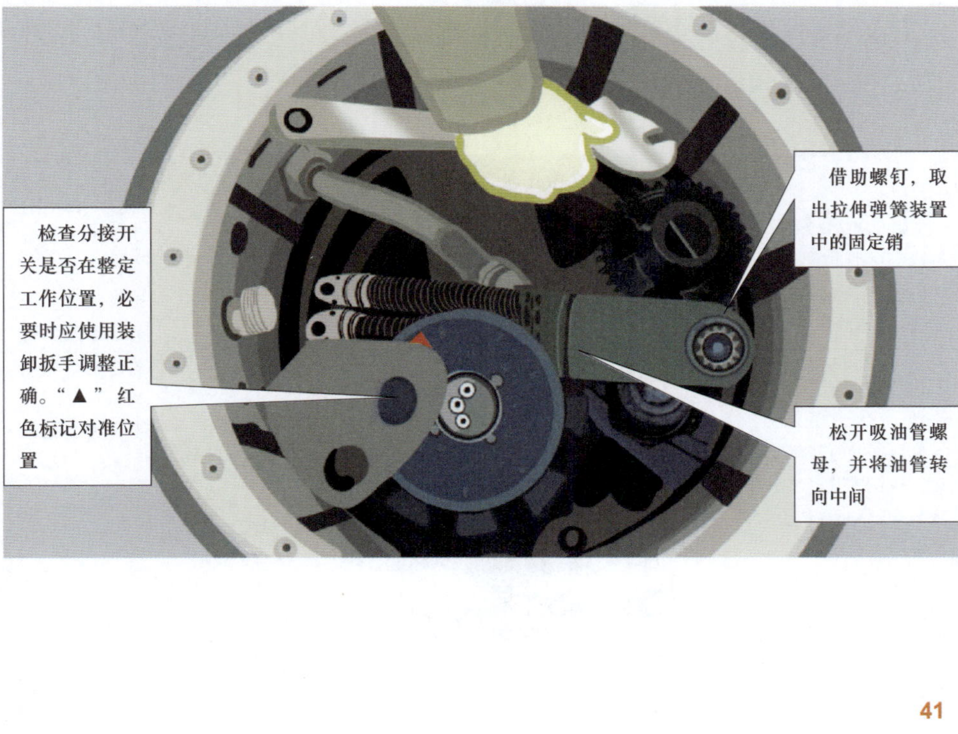
检查分接开关是否在整定工作位置，必要时应使用装卸扳手调整正确。“▲”红色标记对准位置
借助螺钉，取出拉伸弹簧装置中的固定销
松开吸油管螺母，并将油管转向中间

用套筒扳手拆开螺栓并提出快速机构

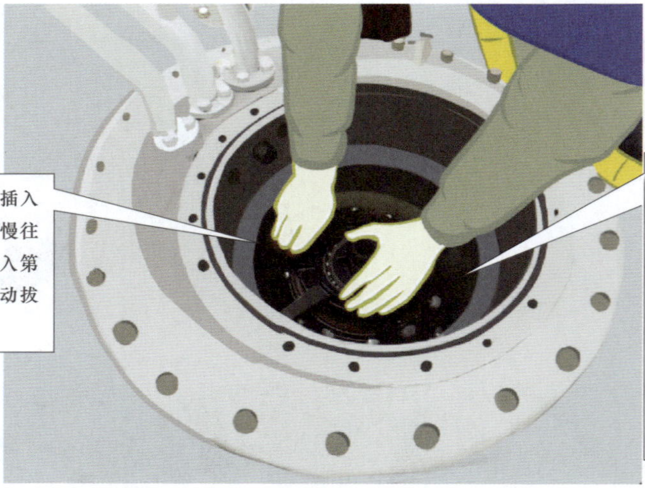
使用专用工具插入抽油管槽内，慢慢往上撬起，然后插入第二槽内，轻轻摇动拔出抽油管
使用装卸扳手和螺栓连接主轴的轴承座，并按顺时针方向转动，使转换选择器的动触头脱离静触头，不得损坏抽油管

使用装卸扳手使之与主轴的轴承座连接，然后在扳手上系紧吊绳，用起吊设备将芯体缓缓吊出
芯体起吊时，主轴上的动触头组应始终处于转换选择器静触头空挡位置，主轴应垂直，起吊缓慢，不得碰伤动静触头与均压环
将芯体上的油滴尽后，轻轻放下并使主轴卧放于木质支架上，进行检查与调整，保持环境清洁并不得碰伤动触头与均压环

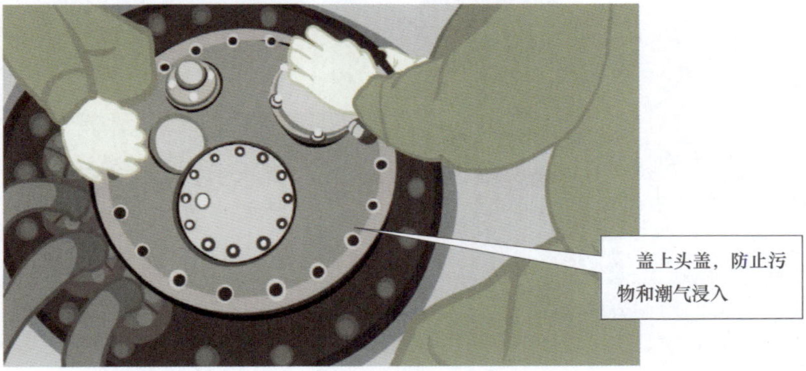

十一、风机拆除

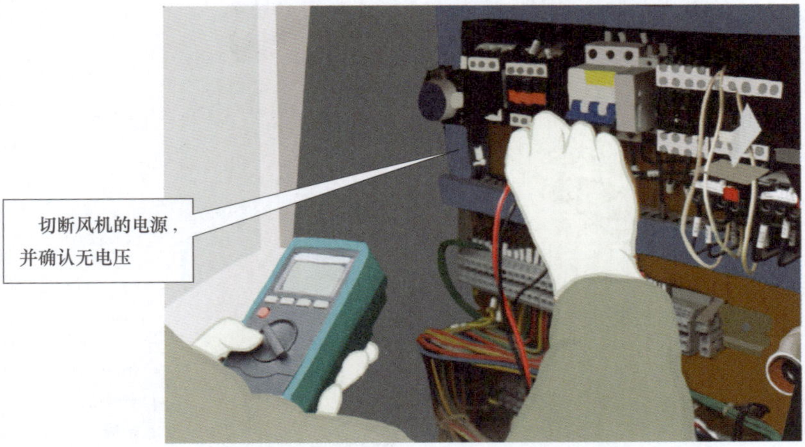

拆卸过程中，注意防止叶轮碰撞变形

十二、散热器拆除

先将蝶阀关闭，打开排油塞和放气塞排尽剩油
用滤油机将开口桶中的残油抽至油罐

用起重机吊住散热器，再松开蝶阀靠散热器侧螺母，收紧吊钩将散热器平移并卸下
将散热器翻转，平放于专门存放区域进行检修。如不立即检修，应注油或充干燥气体密封存放

十三、潜油泵拆除

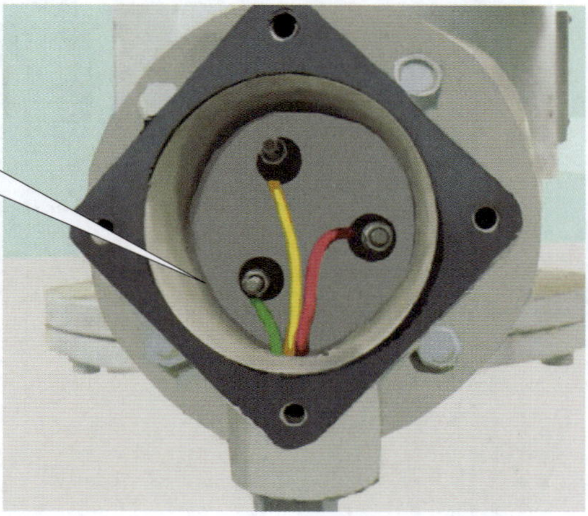

拆卸前断开电源，并确认无电压，打开接线盒，将电源连接线脱开

关闭潜油泵蝶阀

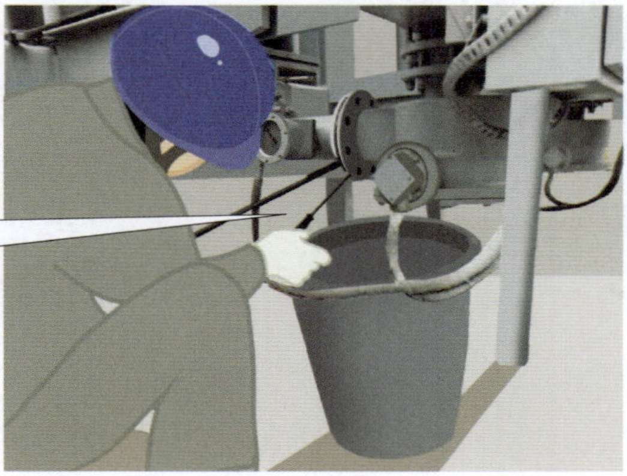

松开放油阀螺栓，放尽潜油泵内部残油

松开下蝶阀
阀门侧的油管
螺栓，松开潜
油泵进出油管
连接法兰

拆除潜油泵

十四、油流继电器拆除

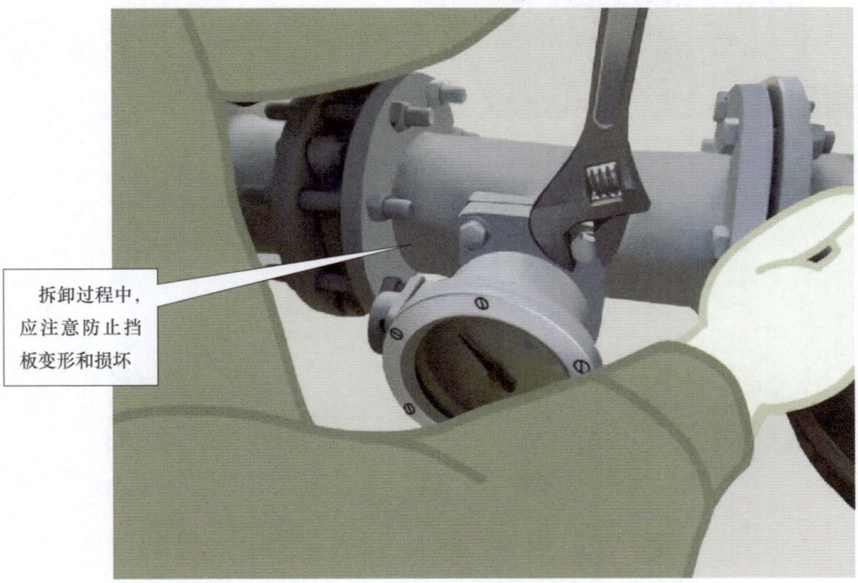

第四节 吊罩检修

一、吊罩

起吊变压器钟罩时，钢丝绳应分别挂在专用起吊装置上，遇棱角处应放置衬垫

通过链条葫芦校准重心，调整钢丝并收紧

收紧钢丝后，四角插入定位杆

用4根缆绳分别固定在上节油箱四角对应位置，起吊时控制油箱

起吊时钢丝绳的夹角不应大于60°，否则应采用专用吊具或调整钢丝绳套

当起吊 100mm 左右时，应暂停起吊，检查悬挂及捆绑情况，确认可靠后再继续起吊

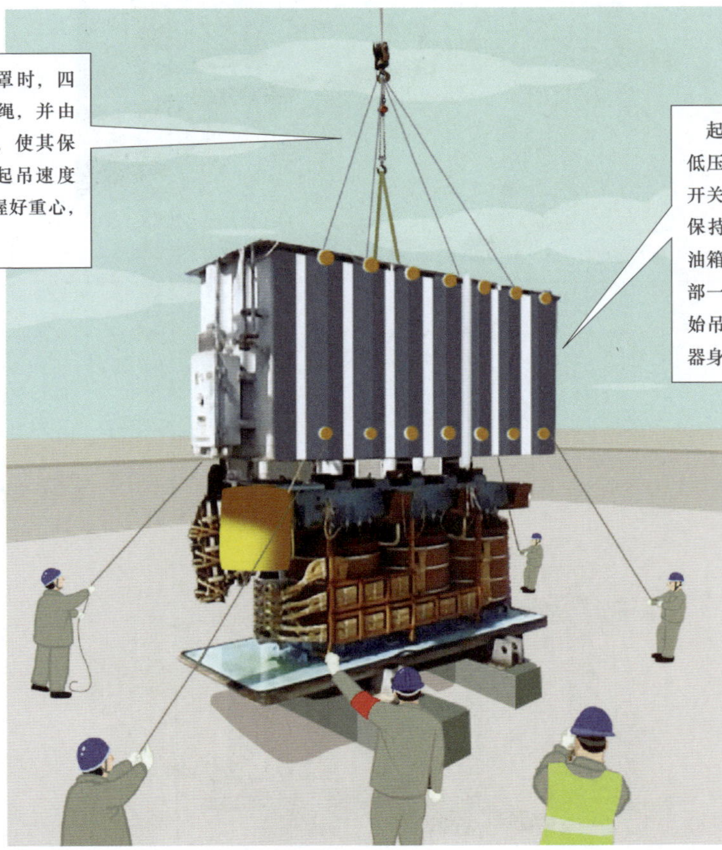

起吊钟罩时，四角应系缆绳，并由专人扶持，使其保持平稳；起吊速度均匀，掌握好重心，防止倾斜

起吊时，使高/低压侧引线、分接开关支架与箱壁间保持一定的间隙，油箱上升至器身顶部一定距离后，开始吊离，防止碰伤器身

二、绕组检修

1. 检查相间隔板和围屏

静电屏应清洁完整，无破损、无变形、无发热和树枝状放电痕迹，绝缘良好，连接可靠

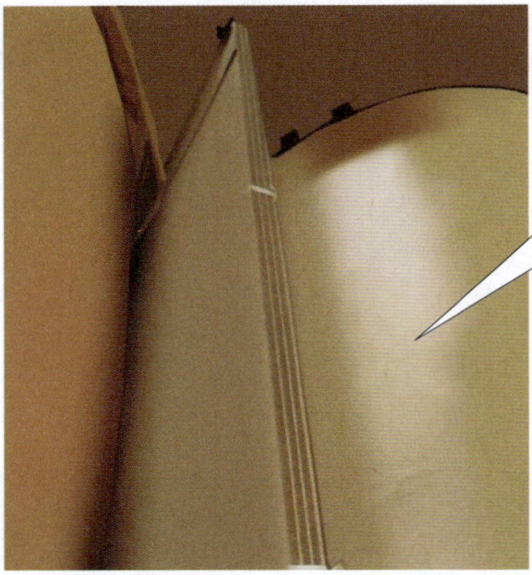

相间隔板应完整并固定牢固

2. 检查绕组表面

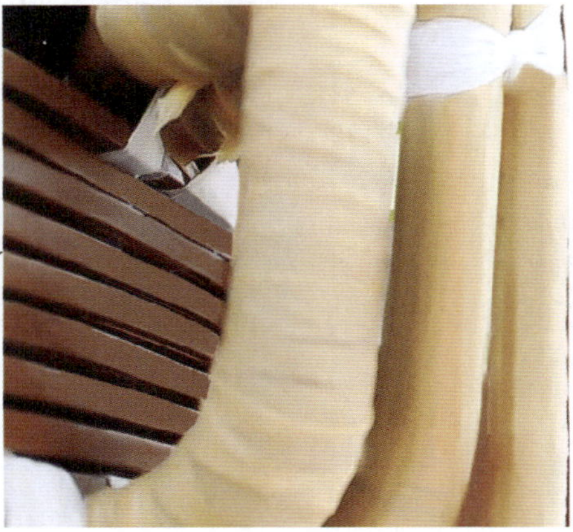

绕组应清洁，无油垢、无变形、无破损、无过热变色和放电痕迹，整个绕组无倾斜、位移

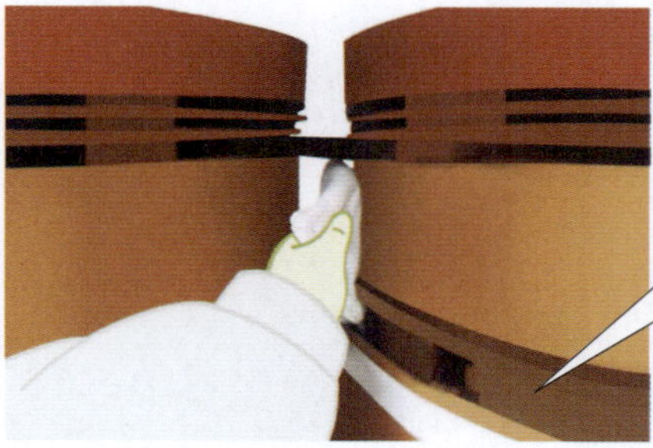

3. 检查绕组各部垫块

4. 检查绕组绝缘状态

三、引线及绝缘支架检修

1. 检查引线及引线锥

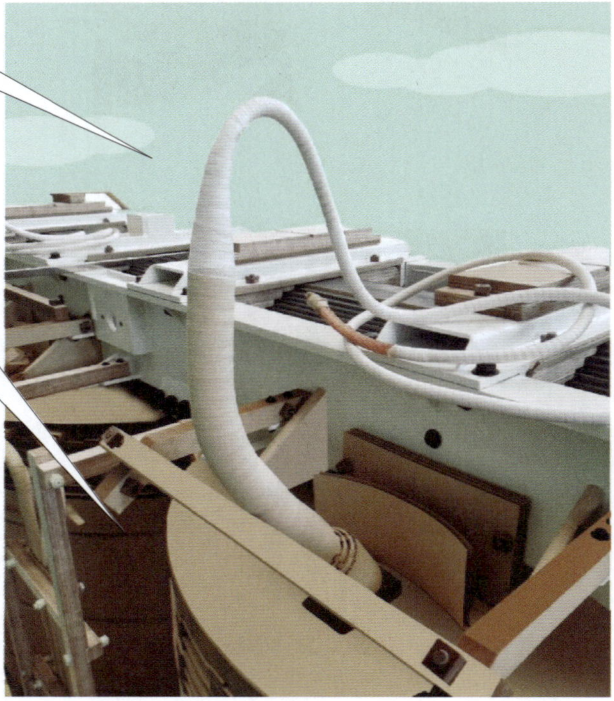

2. 检查绝缘支架

四、铁心检修

1. 检查铁心表面

2. 检查铁心结构紧固情况

3. 检查铁心绝缘

4. 检查电屏蔽或磁屏蔽

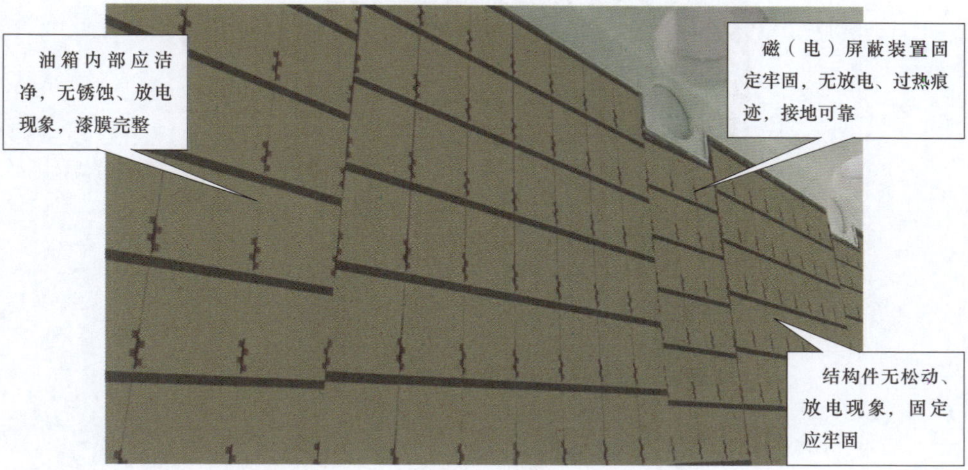

五、油箱检修

1. 检查油箱内部

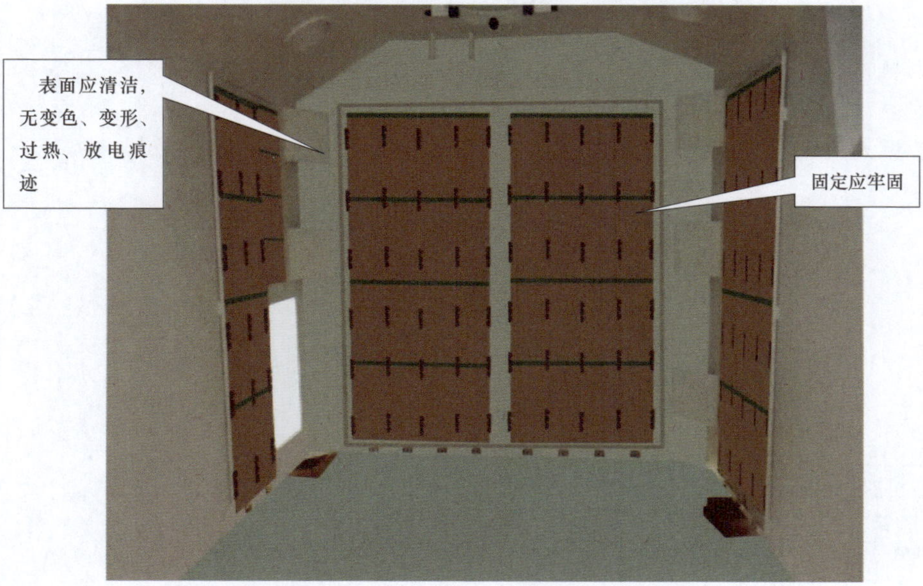

2. 检查管道

3. 油箱底部清洁

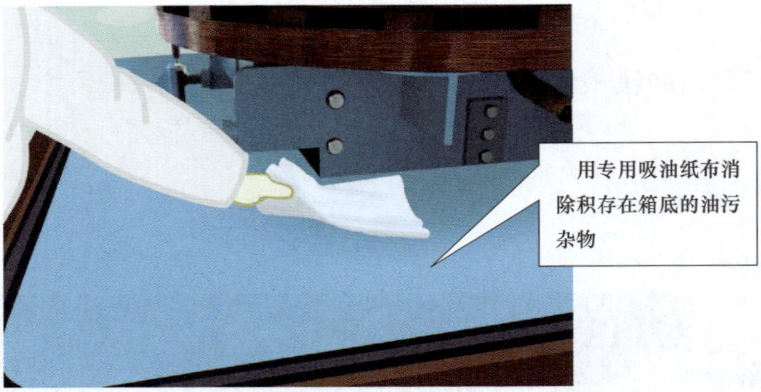

4. 更换油箱密封件

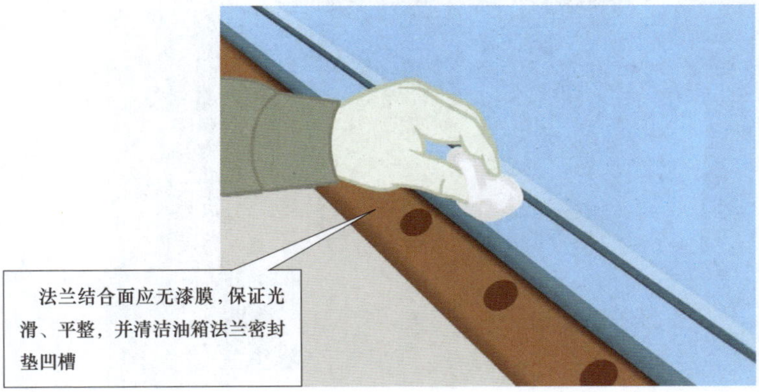

胶垫接头粘合应牢固，并放置在油箱法兰直线部位的两螺栓中间，搭接面应平放，搭接面长度不少于胶垫宽度的 2 倍

使用专用胶水粘合后，用专用锤将接触面轻轻敲击牢固

六、油箱回装

吊起油箱，超过芯部器身一定距离后，转移至器身上方
钟罩四角应系缆绳，并由专人扶持，使其保持平稳

落回钟罩时，应使高/低压侧引线、分接开关支架与箱壁间保持一定的间隙，防止碰伤器身

降落速度应均匀，掌握好重心，防止倾斜

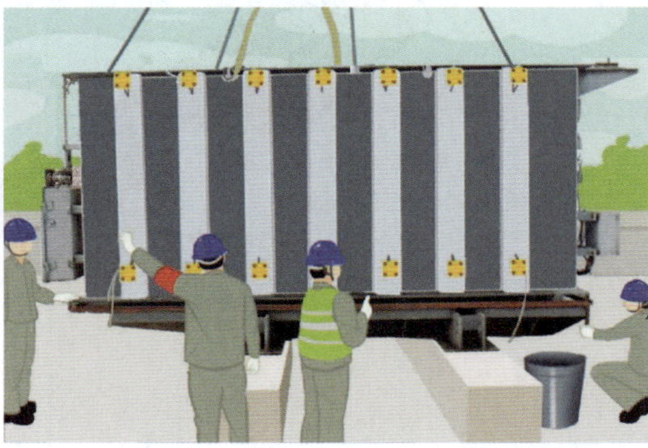

钟罩下降至箱体法兰合适距离时，在油箱四周插入定位棒

胶垫压缩量为其厚度的1/3左右（胶棒压缩量为1/2左右），法兰螺栓按箱沿均匀缓慢紧固，保证每个螺栓无松动，均匀受力

第五节　组 / 部件安装

一、密封垫更换要求

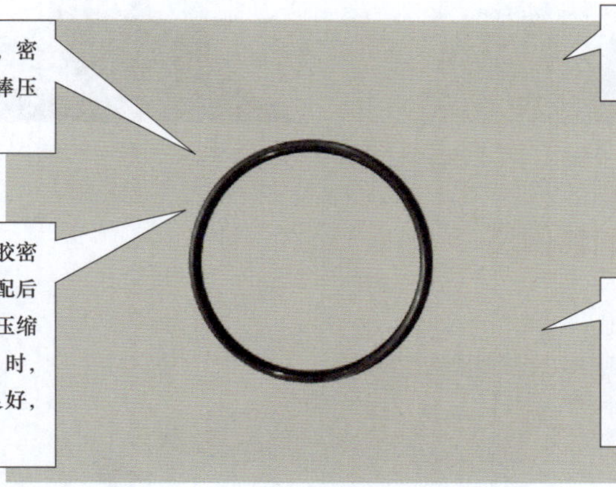

二、压力释放装置回装

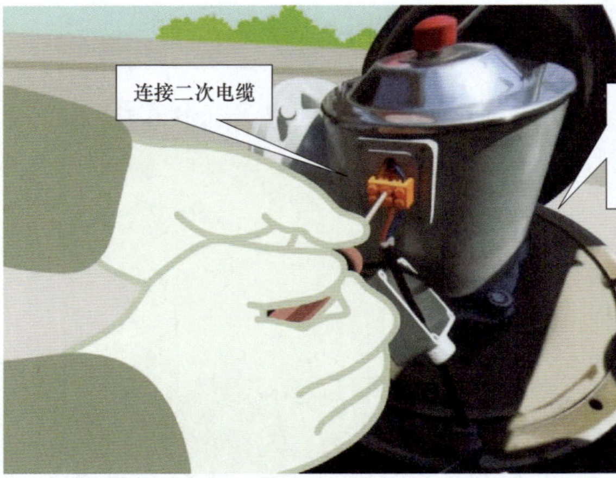
连接二次电缆
本体注油后，打开放气塞排气，至冒油再拧紧放气塞

三、温度控制器回装

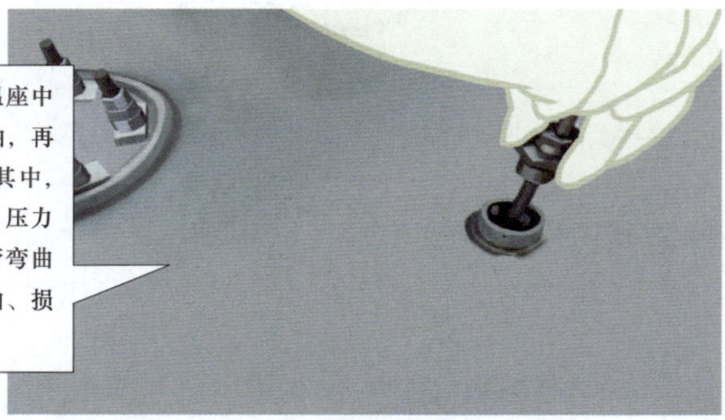
变压器箱盖上的测温座中预先注入适量变压器油，再将测温热电阻安装在其中，拧紧防雨盖，不渗油，压力式温度计的毛细金属管弯曲半径大于75mm，无扭曲、损伤和变形

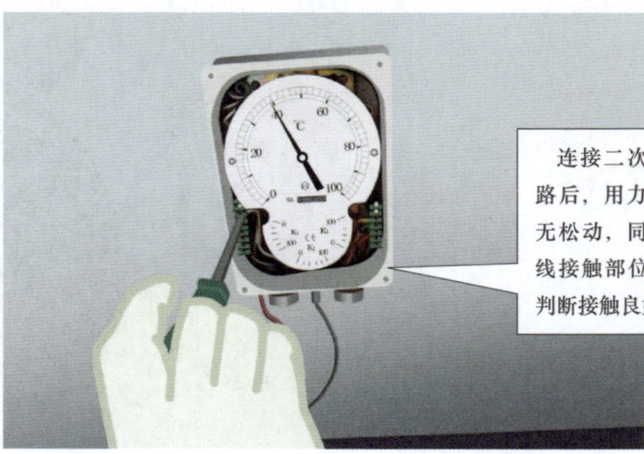
连接二次电缆，导线接入电路后，用力拨动导线，导线应无松动，同时，压接螺栓与导线接触部位应无绝缘外皮，可判断接触良好

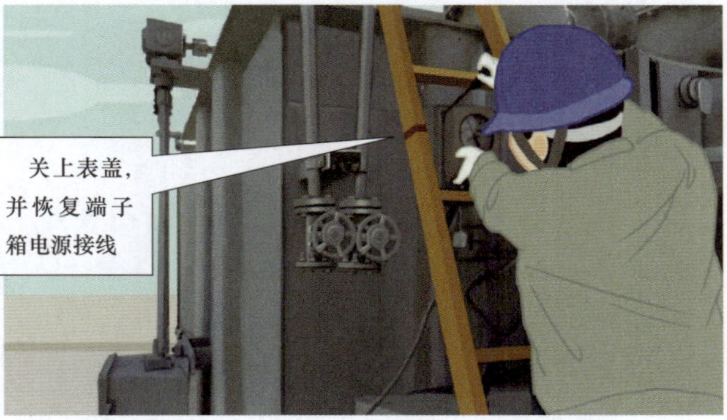
关上表盖，
并恢复端子
箱电源接线

四、气体继电器回装

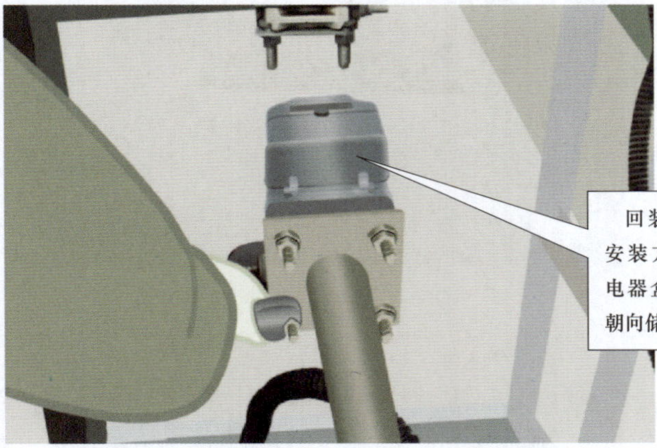
回装时注意瓦斯
安装方向，应使继
电器盒盖上的箭头
朝向储油柜

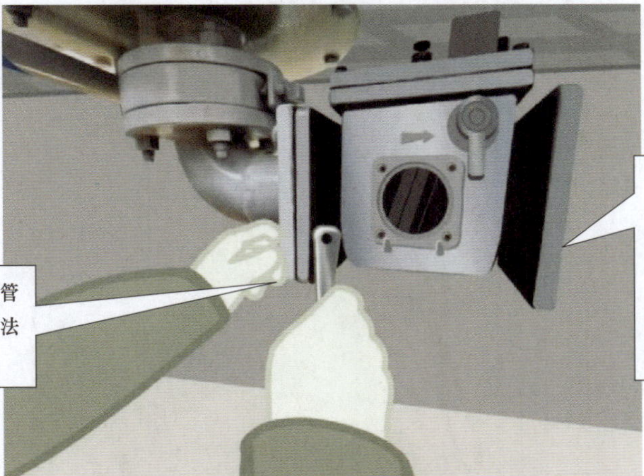
先装两侧联管
与蝶阀，再将法
兰螺栓拧紧
气体继电器应保持
基本水平位置：联管
朝向储油柜方向应有
1%~1.5% 的升高坡度，
继电器的接线盒应有
防雨罩

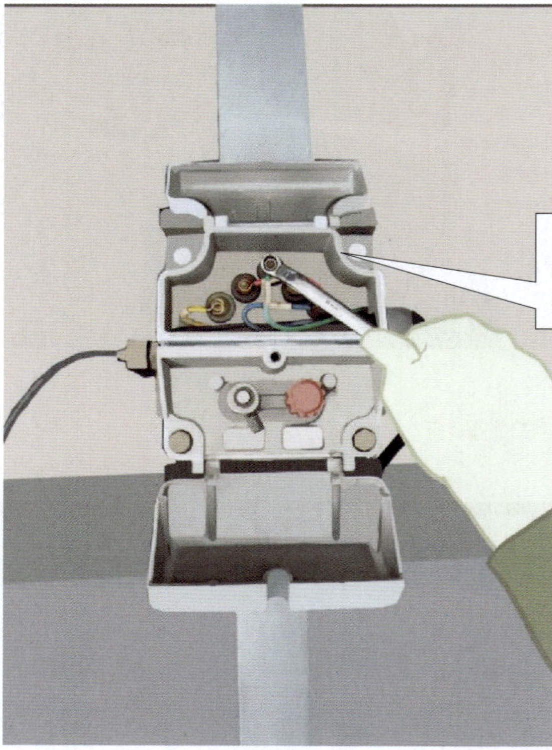
连接二次电缆，按图纸连接并核对标签

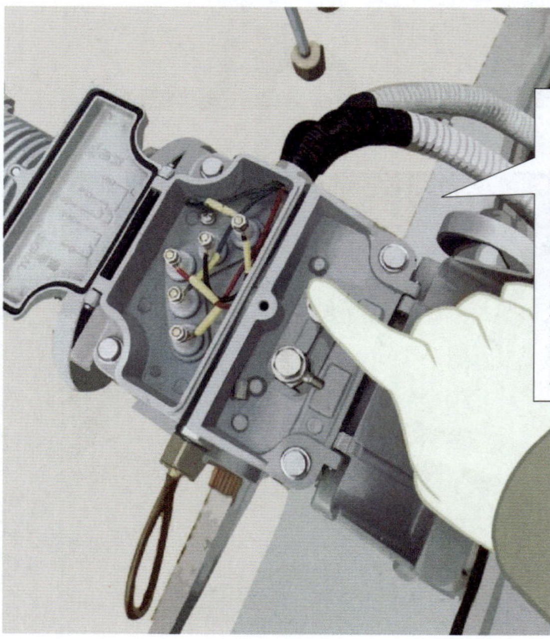
调试应在注满油并连通油路的情况下进行，排净内部气体，用手按压探针时应发出重瓦斯信号，松开时应恢复。从放气小阀压入气体200~250mL，应发出轻瓦斯信号，将气排出后应恢复

五、油位计回装

六、油流继电器回装

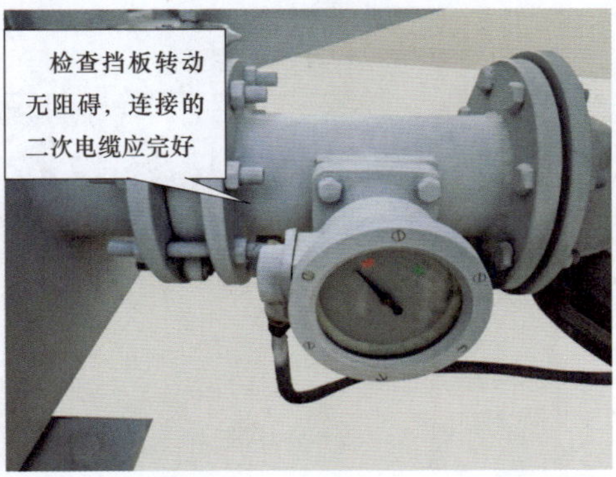

七、潜油泵回装

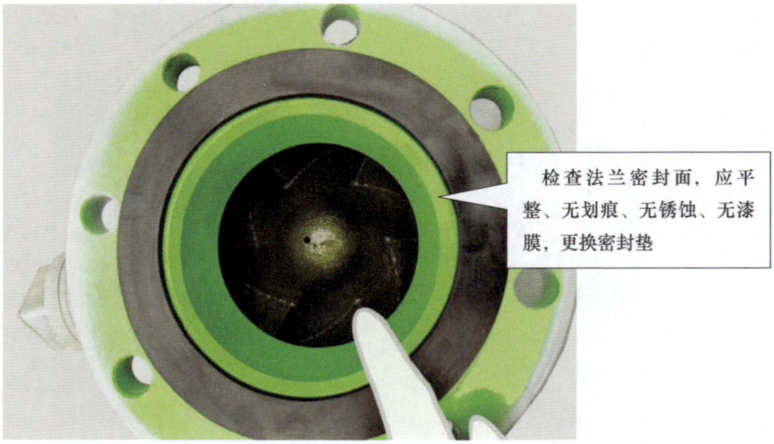

恢复二次接线，注油后，检查潜油泵电机转向是否正确

八、散热器回装

蝶阀应完好，安装方向、操作杆位置应统一，开闭指示标志应清晰、正确
更换密封垫

应用起重机进行原位复装，确保密封面平行和同心，避免碰撞。散热器法兰四边与主变压器本体法兰四边平行对齐，使用平行度尺和游标卡尺测量，确保密封面平行和同心

安装好散热器的
拉紧钢带（螺杆）

注油时先打开下蝶阀和旋松顶部排气塞，待顶部排气塞冒油后旋紧，再打开上蝶阀，最终确认上、下蝶阀均处于开启位置

九、风机回装

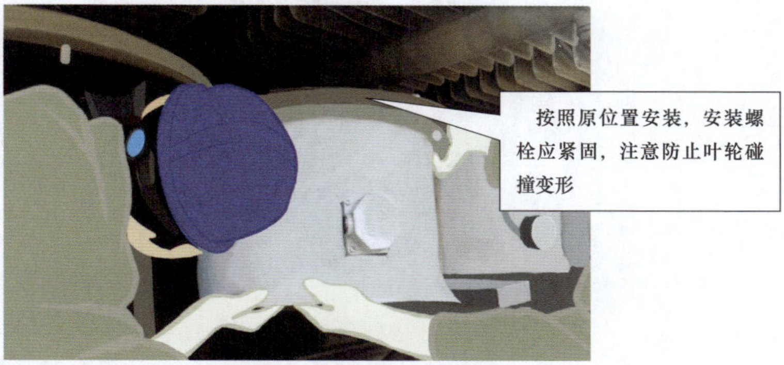

十、分接开关回装

1. 组合式有载分接开关回装

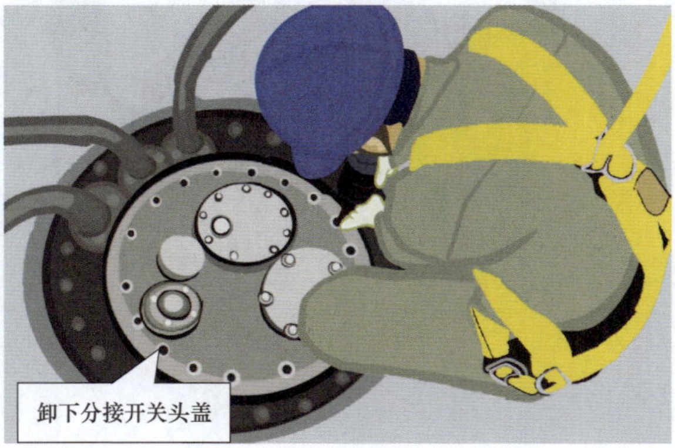

用专用吊板起吊油室，并恢复法兰螺栓

将切换开关芯体吊至油室顶部开口上方，转动芯体，使芯体支撑板抽油管切口位置对准抽油管
缓慢地放入油室，同时轻轻转动切换开关芯体，使其对准定位销下降到底

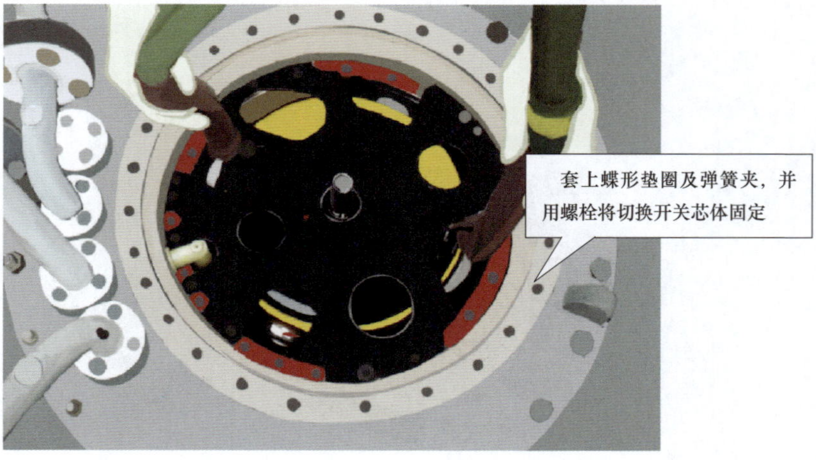
套上蝶形垫圈及弹簧夹，并用螺栓将切换开关芯体固定

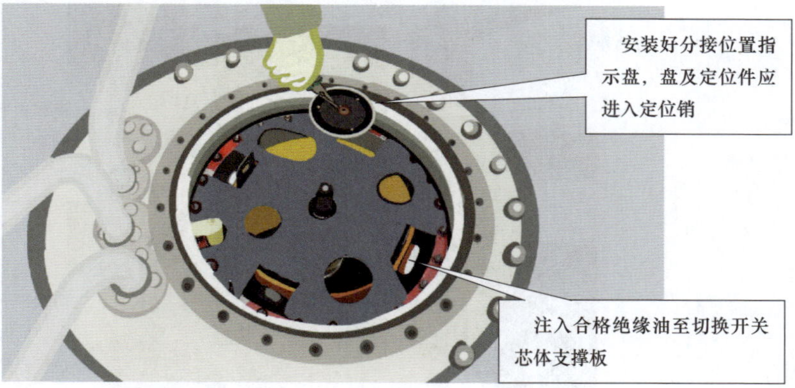
安装好分接位置指示盘，盘及定位件应进入定位销
注入合格绝缘油至切换开关芯体支撑板

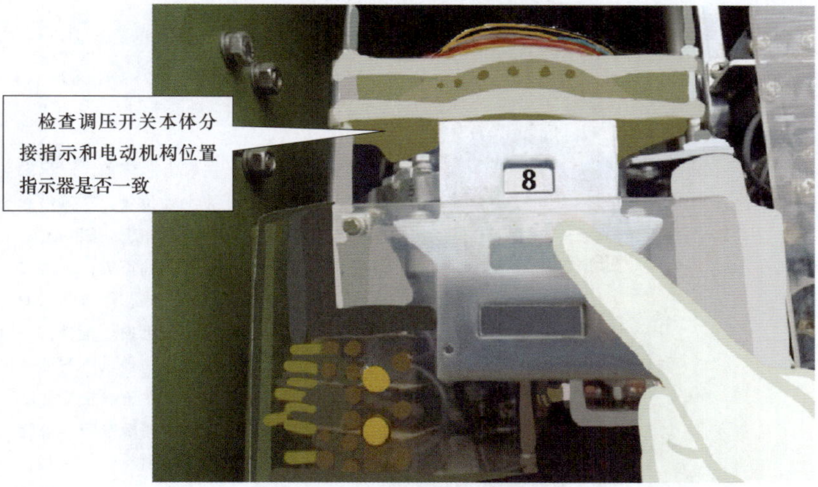
检查调压开关本体分接指示和电动机构位置指示器是否一致
8

擦净头盖密封面，正确旋转密封垫圈，将头盖齿轮装置的输出轴对准支撑板上联轴器，盖好分接开关头盖
依据检修前所记录位置，连接水平连杆

手动操作进行正、反两个方向的切换
操作过程无卡涩，无连动现象，电气和机械限位动作正常
切换开关动作切换瞬间到电动机构动作结束之间的圈数符合产品说明书要求

2. 复合式有载分接开关

在取出芯体前，应记录开关主轴位置，芯体吊起置于油室上方，按照记录，慢慢放入油室内，下落过程中，保持芯体与筒壁的距离，防止损坏配件，使主轴底部的轴承座与油室底部的嵌件正确衔接并贴紧，放到底后来回转动让主轴完全到位

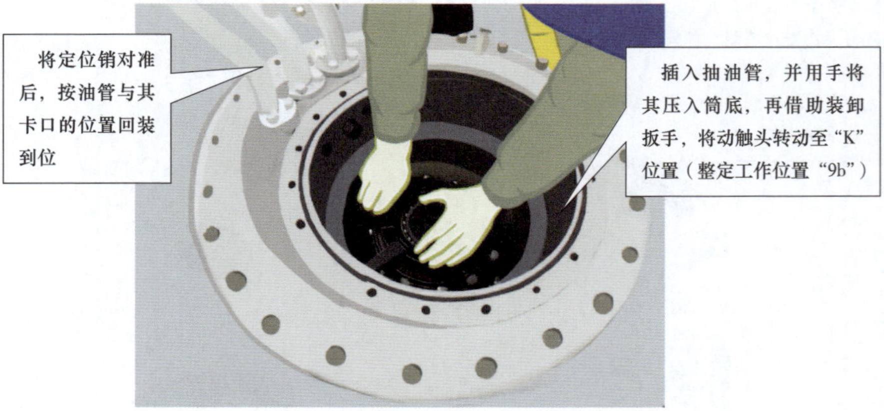
将定位销对准后，按油管与其卡口的位置回装到位
插入抽油管，并用手将其压入筒底，再借助装卸扳手，将动触头转动至“K”位置（整定工作位置“9b”）

"K"位置（整定工作位置"9b"）

连接抽油弯管，借助装卸扳手安装拉伸弹簧固定销，转动两个位置，然后返回原来位置，不得漏装抽油弯管中间密封垫，抽油弯管与槽轮应有充分的间隙，防止槽轮动作时损坏抽油弯管

安装好分接位置指示盘，指示盘及定位件必须进入定位销内

将头盖齿轮装置的输出轴对准支撑板上联轴器，盖好有载分接开关头盖

将合格绝缘油注入分接开关油室内，直到油面至快速机构底板为止，安放好O形密封圈，然后盖上分接开关头盖，用螺栓紧固

十一、升高座回装

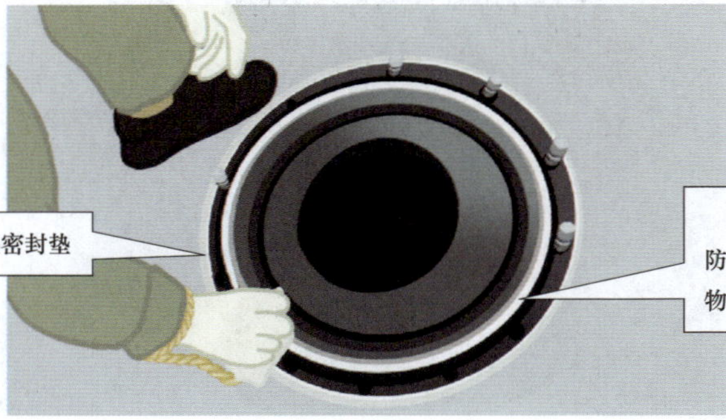
更换密封垫
工作过程中，做好预防工器具、清洁用品等物品坠落措施

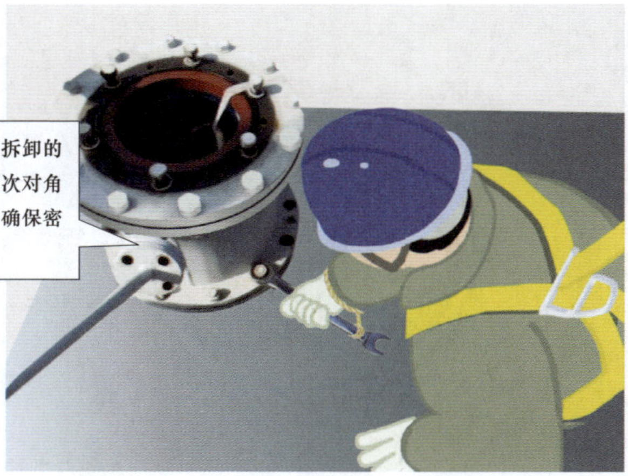
采用拆卸的工具和拆卸的逆顺序进行安装，依次对角拧紧安装法兰螺栓，确保密封垫压缩量正确

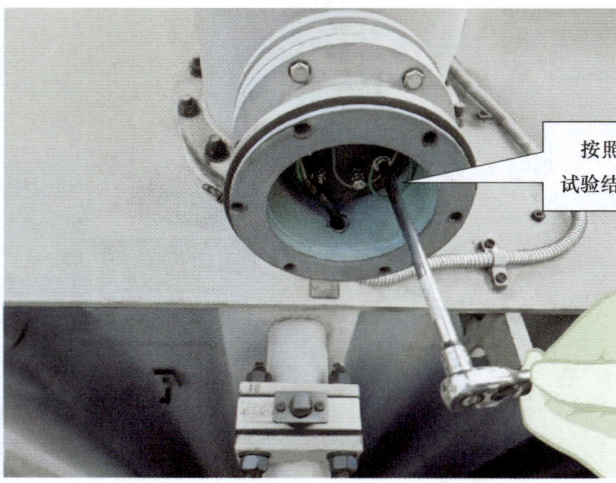
按照拆前记录及极性试验结果恢复二次接线

十二、套管回装

更换密封垫

回装套管方式与拆卸时相同：将穿缆引线的引导绳及专用带环螺栓穿入套管的引线导管内
起吊套管后，应调整套管倾斜度和安装角度一致，并保证油位计的朝向正确

起吊高度到位后，将引导绳的专用螺栓拧紧在引线头上，并穿入套管的导管，收紧引导绳拉直引线

使套管沿安装轴线徐徐落下，并拉紧引导绳，防止引线打绕，套管落到安装位置时，引线头应同时拉出到安装位置

套管落到安装位置时，引线头应同时拉出到安装位置

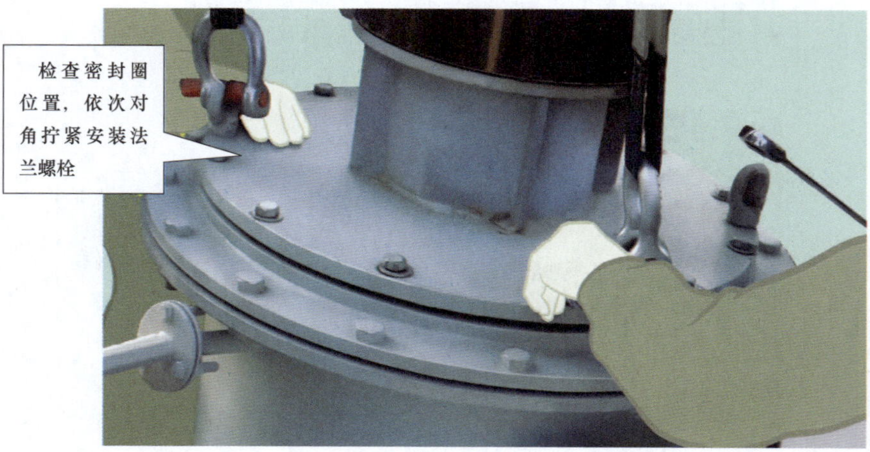
检查密封圈位置，依次对角拧紧安装法兰螺栓

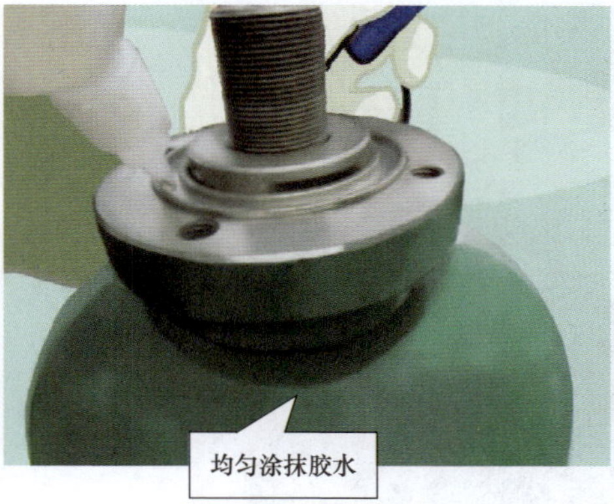
均匀涂抹胶水

更换将军帽的密封垫

在安装套管顶部内引线头时，应锁紧将军帽

复装拉杆式套管时，拉杆连接处应按套管安装使用说明书打防松胶

套管底部拉杆局部图

十三、储油柜回装

用起重机进行原位复装

应更换所有连接管道的法兰密封垫，保持连接法兰同轴，确保接口密封和畅通，储油柜本体和各管道固定牢固

十四、呼吸器回装

第六节　真空注油及油处理

一、真空注油前油化分析

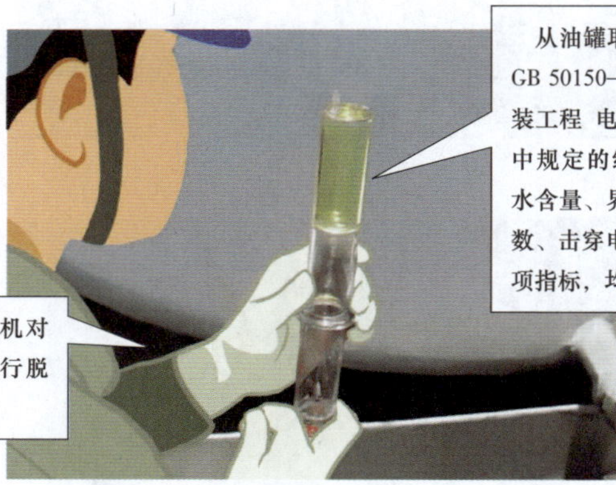

二、连接真空注油装置

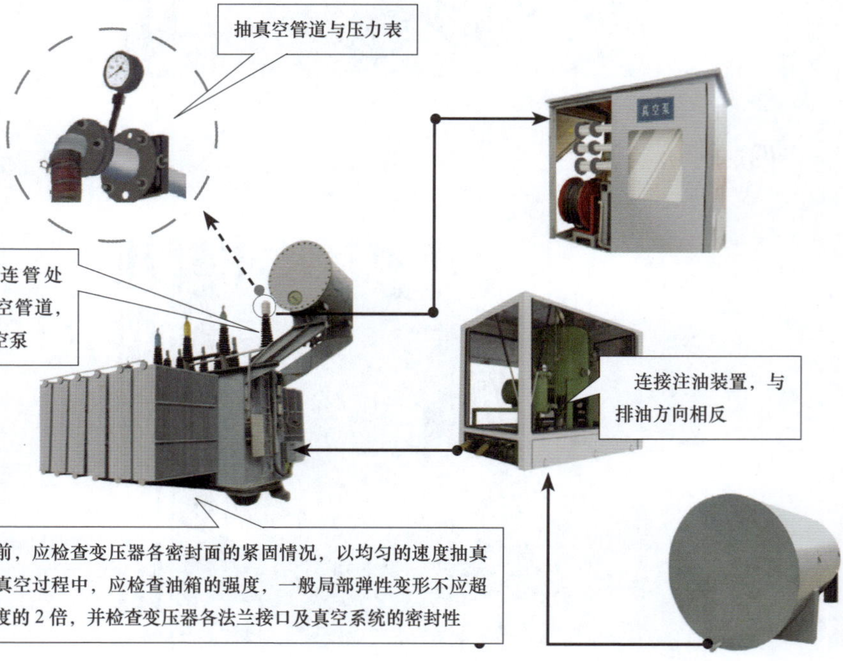

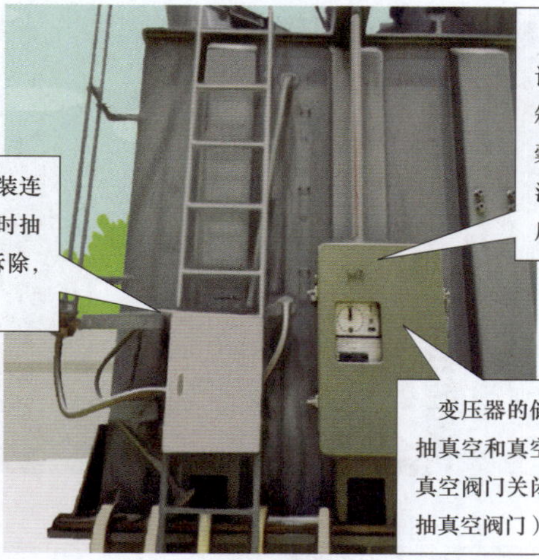

有载分接开关与本体应安装连通管，以便于本体等压，同时抽真空注油，注油后应予以拆除，恢复正常

变压器的储油柜是全真空设计的，可将储油柜和变压器油箱一起进行抽真空注油（对胶囊式储油柜，需打开胶囊和储油柜的连通阀，真空注油结束后关闭）

变压器的储油柜不是全真空设计的，在抽真空和真空注油时，应将通往储油柜的真空阀门关闭（或拆除气体继电器，安装抽真空阀门）

三、抽真空

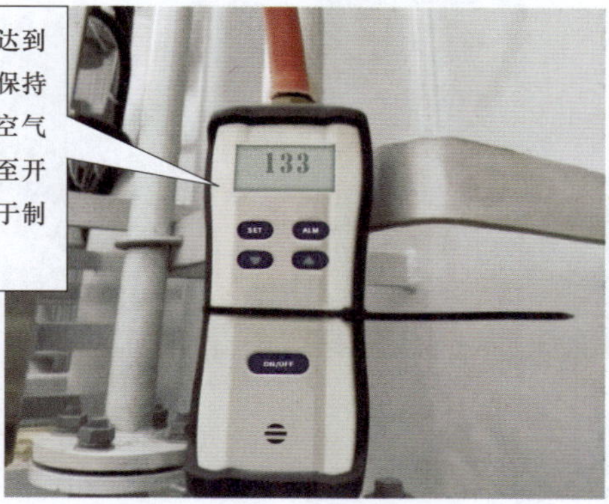

抽真空后，观测压力表，达到指定真空度（小于133Pa），保持时间一般为1/3~1/2h，暴露空气时间（从变压器放油时起，至开始抽真空或注油为止）或大于制造厂规定时间

四、真空注油

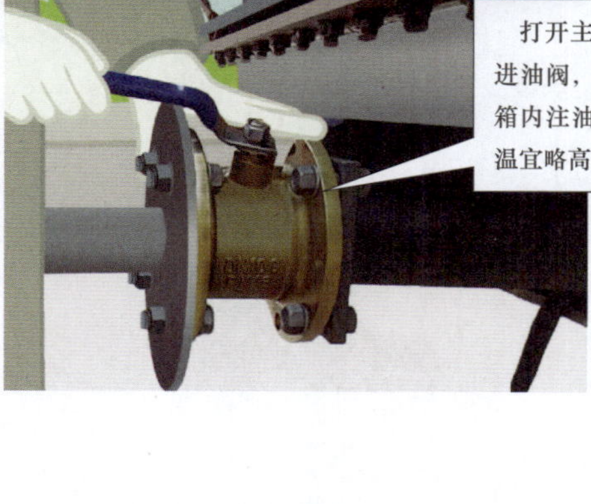

打开主变压器下部进油阀，向变压器油箱内注油，注油时油温宜略高于器身温度

开启滤油机，
开始真空注油

以 3 ~5t/h 的速度将油注入变压器，当距箱顶约 200~300mm 时停止注油，并继续抽真空保持 4h 以上
真空保持无异常后，拆除真空注油装置和临时油位计，并拧紧放气塞和取样阀门

五、储油柜补油

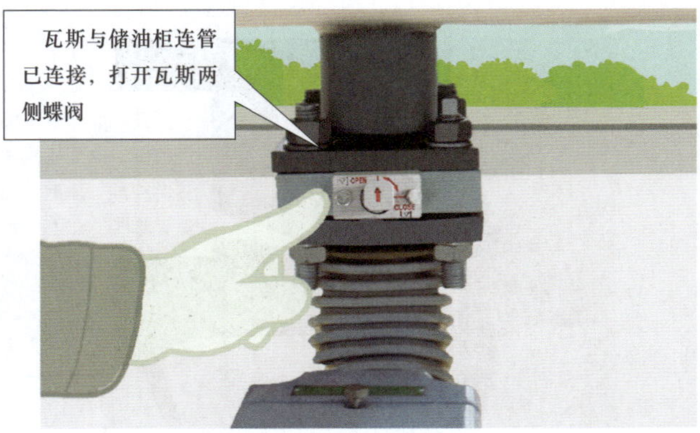
瓦斯与储油柜连管已连接，打开瓦斯两侧蝶阀

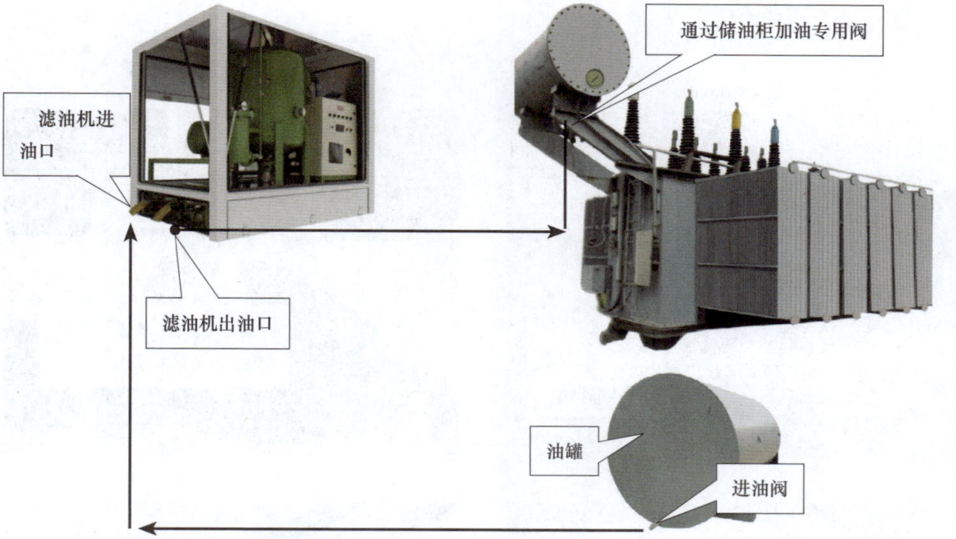
滤油机进油口
通过储油柜加油专用阀
滤油机出油口
油罐
进油阀

六、热油循环

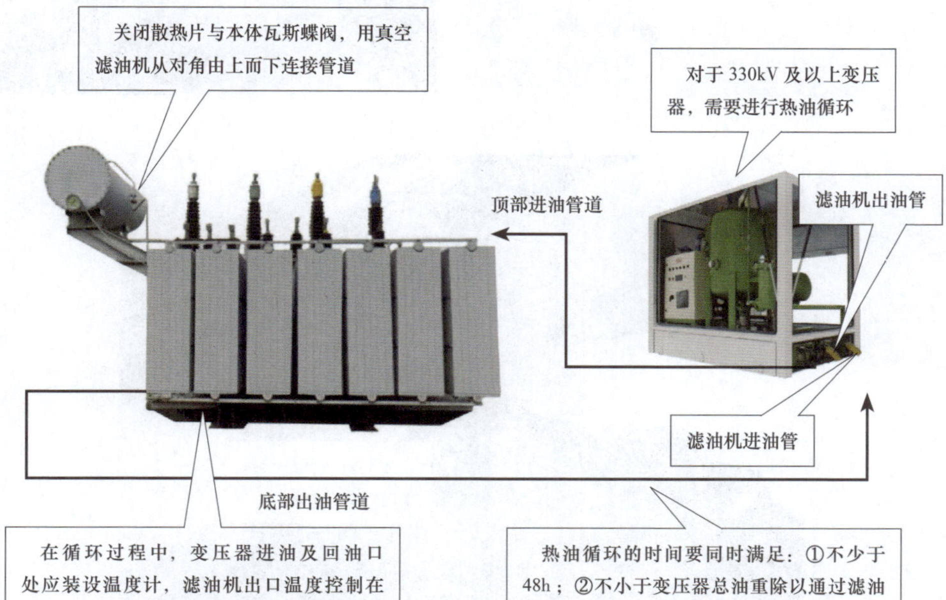
关闭散热片与本体瓦斯蝶阀，用真空滤油机从对角由上而下连接管道
对于330kV及以上变压器，需要进行热油循环
顶部进油管道
滤油机出油管
滤油机进油管
底部出油管道
在循环过程中，变压器进油及回油口处应装设温度计，滤油机出口温度控制在（65±5）℃，环境温度（全天平均温度）低于15℃时，应在油箱表面采取保温措施
热油循环的时间要同时满足：①不少于48h；②不小于变压器总油重除以通过滤油机的每小时油量的3倍

七、静置排气

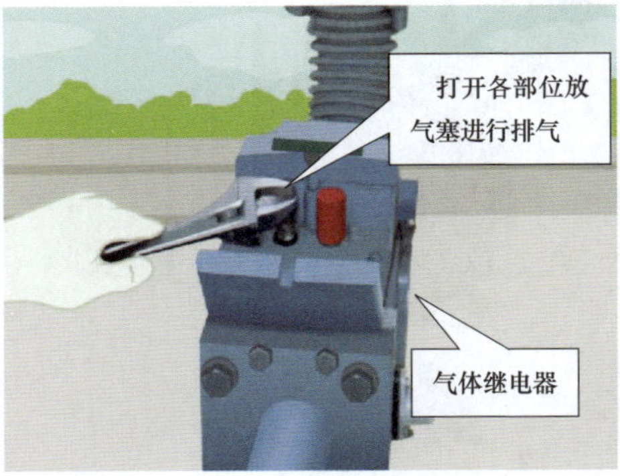
打开各部位放
气塞进行排气
气体继电器

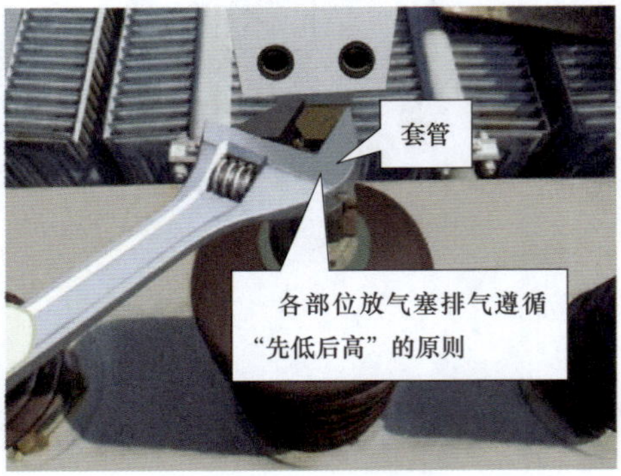
套管
各部位放气塞排气遵循
“先低后高”的原则

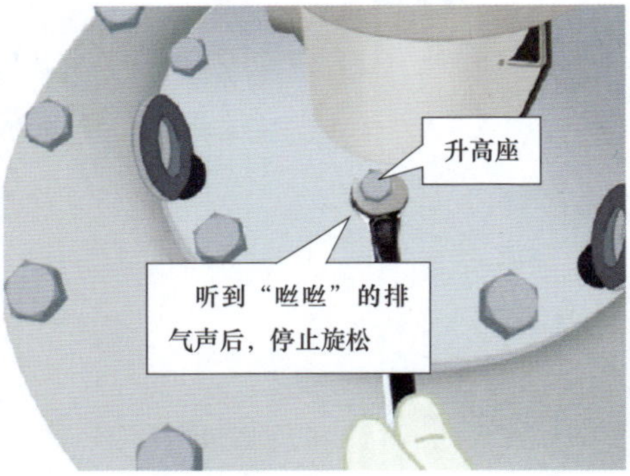
升高座
听到“嗞嗞”的排
气声后，停止旋松

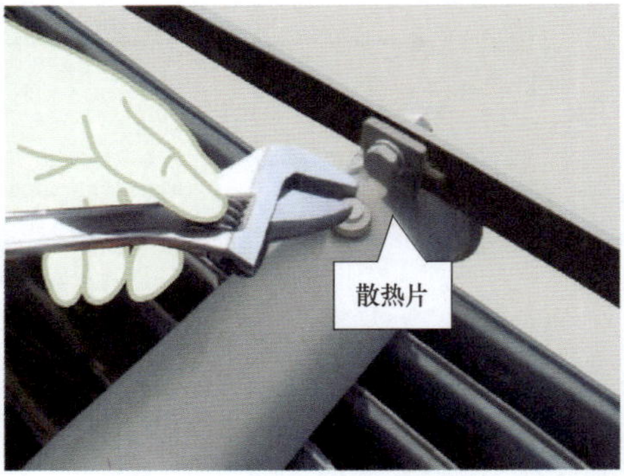
散热片

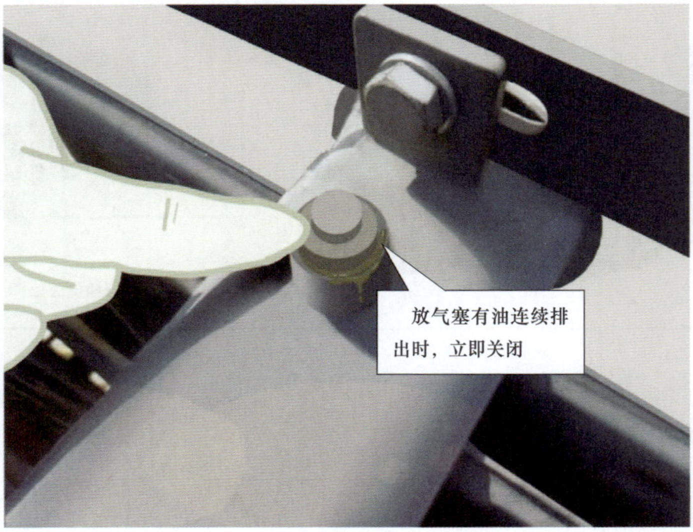
放气塞有油连续排
出时，立即关闭

八、主变压器整体密封试验

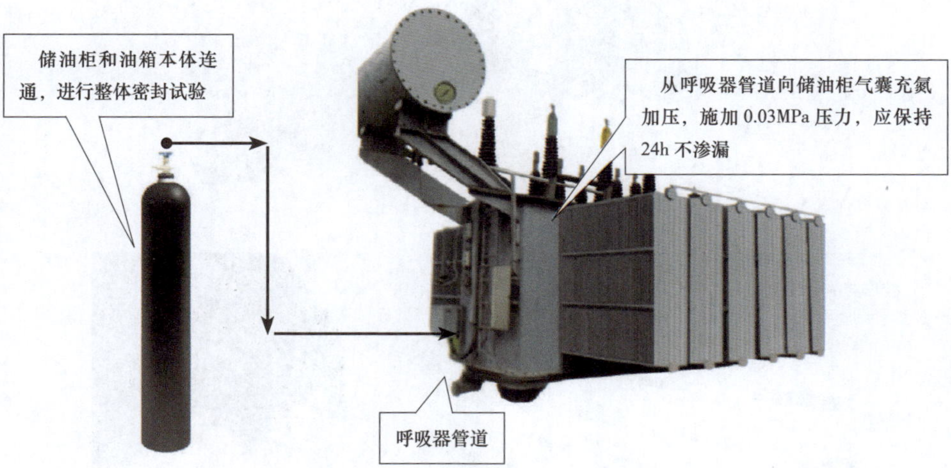

第七节　试验及验收

一、修后电气及油化试验

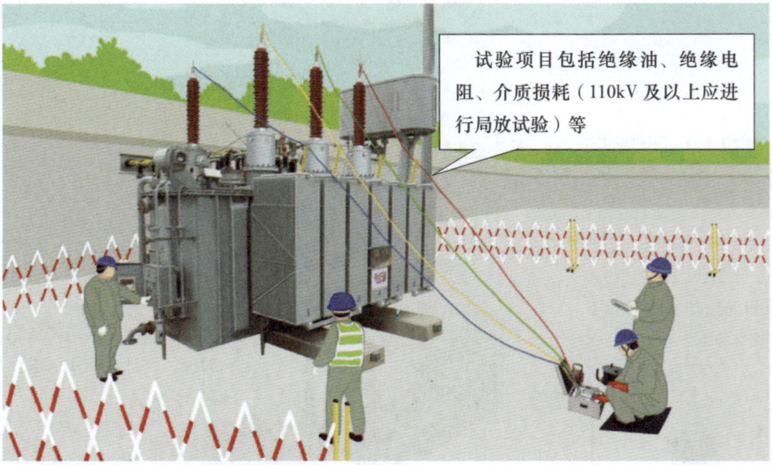

二、恢复主变压器各侧套管引线

三、验收

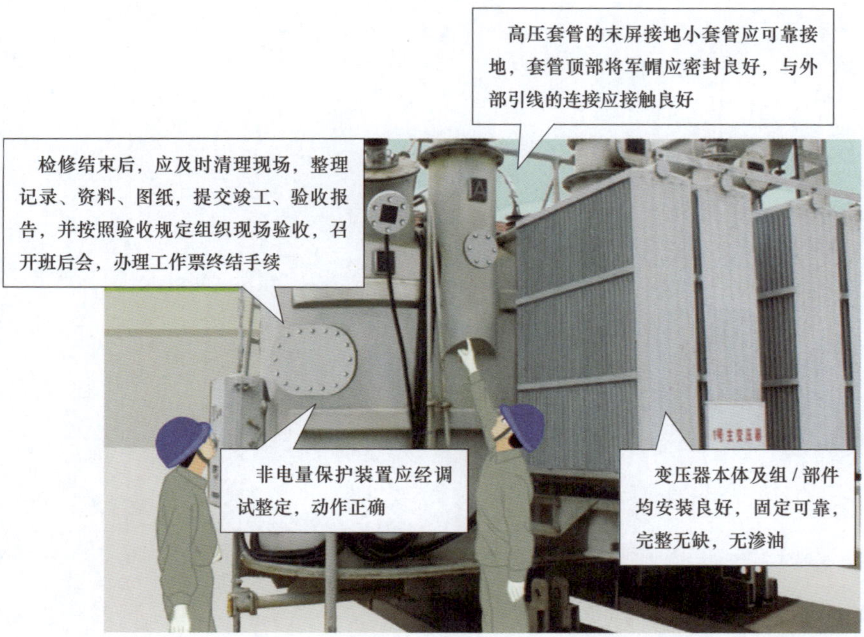

第三章

变压器组 / 部件检修

变压器在日常检修中以B、C类检修为主，在运行中常见的缺陷也多发于各组部件，主要包括套管、升高座、储油柜及油保护装置、有载分接开关、冷却装置和非电量保护装置。

本章节将每个组部件全过程的检修工艺以流程的形式展示，既有组部件结构的详细说明，又展现了检修工艺的技术指标，体现了理论与实践相结合。其中在分接开关检修板块，详细的刻画了组合式、复合式分接开关的结构，讲述了检修工艺流程，对分接开关的检修有很强的指导意义。

第一节 套管及升高座检修

一、纯瓷套管检修

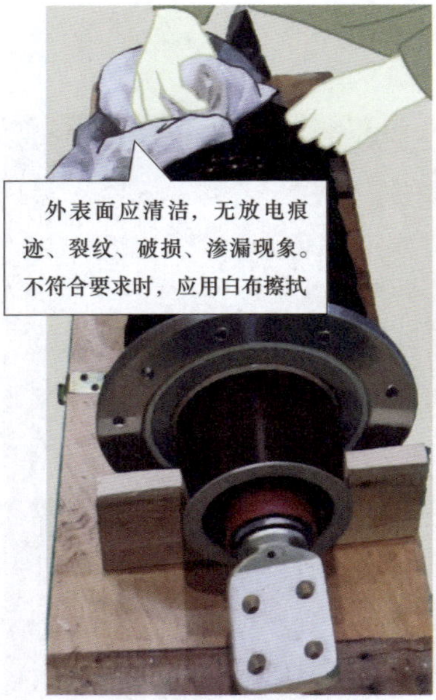

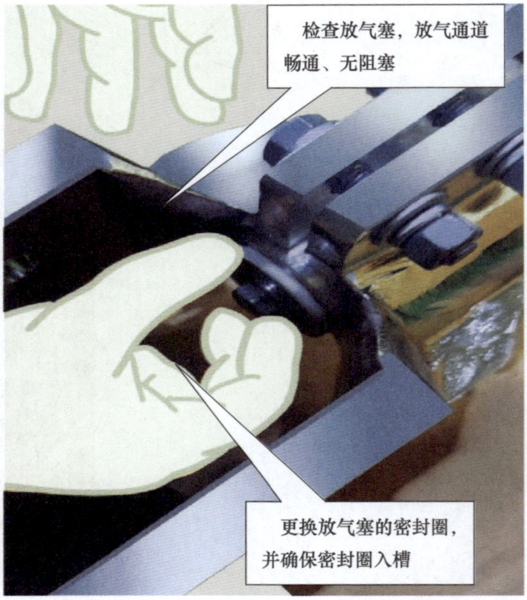

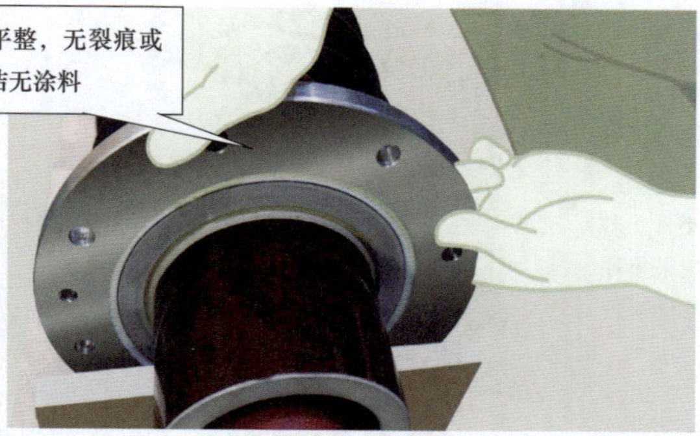
密封面平整，无裂痕或损伤，清洁无涂料

二、油纸电容型套管检修

套管外表面应清洁，无裂纹、破损、放电、渗漏油现象

连接端子应完整无损，无放电、无过热、无烧损痕迹。110（66）kV 及以上电压等级采用铜合金抱箍线夹时，铜含量不应低于 80%

MAX
MIN
油位应正常。若需补油，应采用原型号的合格油进行真空注油

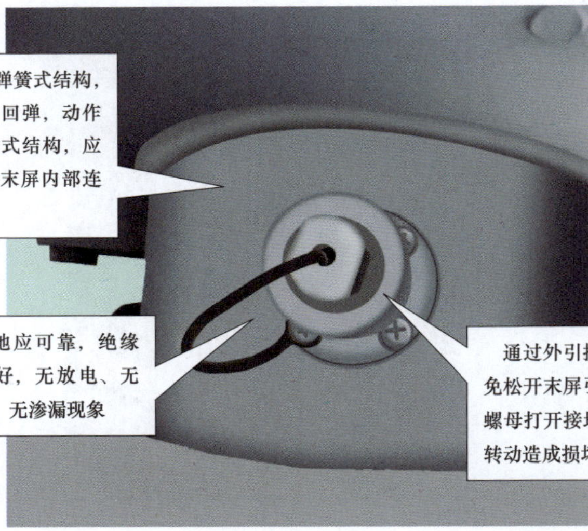
套管结构分为：①弹簧式结构，手指按压末屏端子有回弹，动作灵活无卡涩；②压盖式结构，应避免螺杆转动，造成末屏内部连接松动损坏
接地应可靠，绝缘应良好，无放电、无损坏、无渗漏现象
通过外引接地的结构应避免松开末屏引出端子的紧固螺母打开接地片，防止端部转动造成损坏

均压罩位置应准确，固定可靠，应用工具测试拧紧程度

三、升高座检修

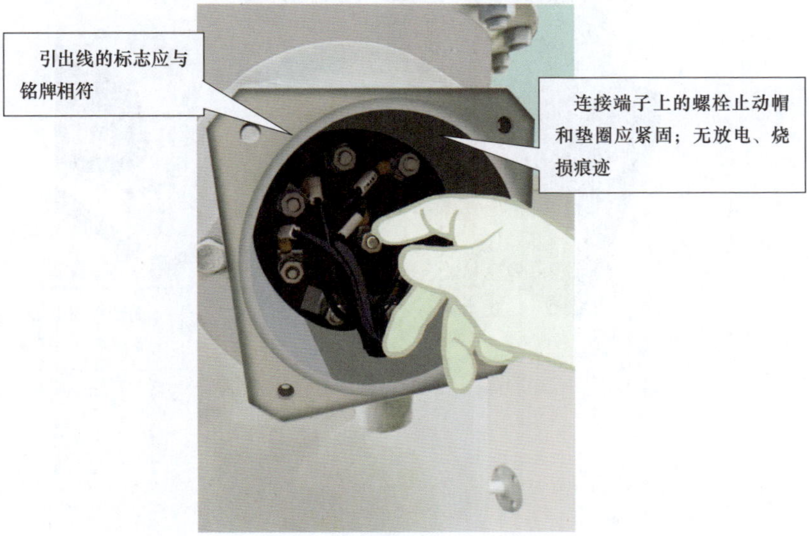
引出线的标志应与铭牌相符
连接端子上的螺栓止动帽和垫圈应紧固；无放电、烧损痕迹

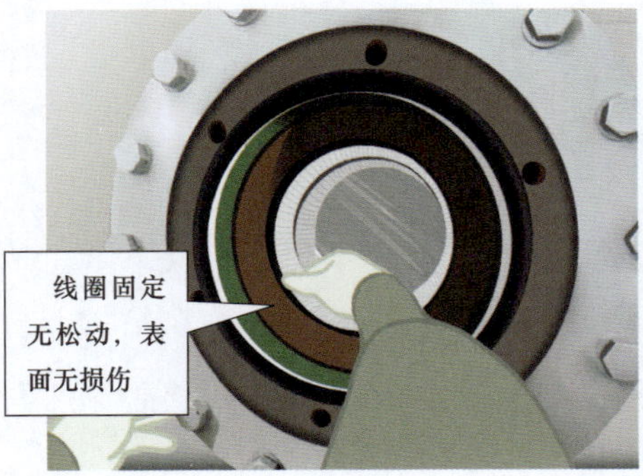
线圈固定无松动，表面无损伤

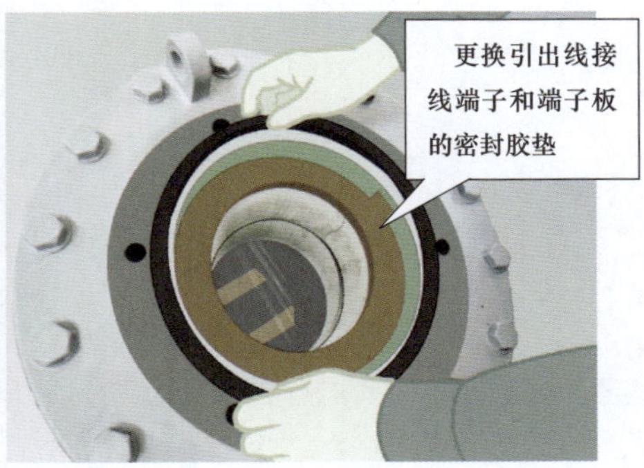
更换引出线接线端子和端子板的密封胶垫

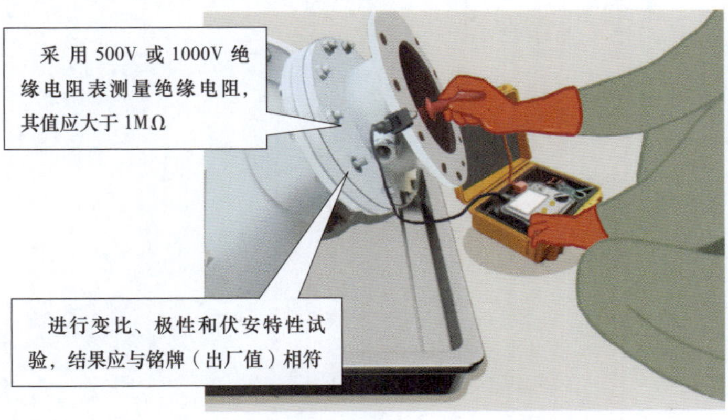
采用 500V 或 1000V 绝缘电阻表测量绝缘电阻，其值应大于 1MΩ
进行变比、极性和伏安特性试验，结果应与铭牌（出厂值）相符

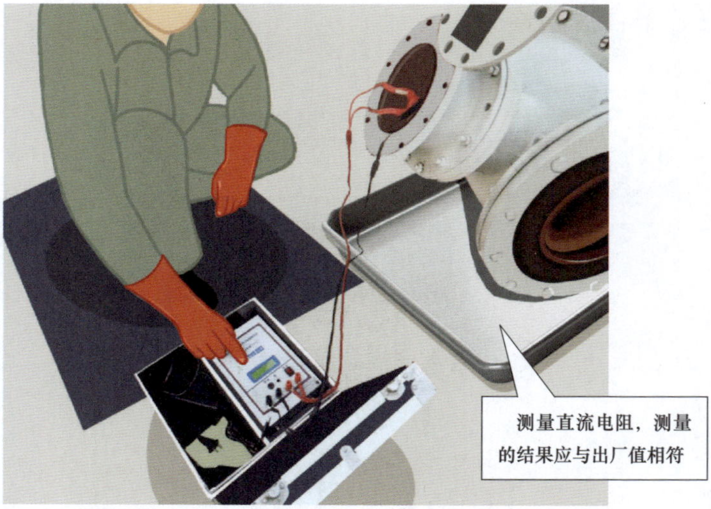
测量直流电阻，测量的结果应与出厂值相符

第二节　储油柜及油保护装置检修

一、胶囊式储油柜检修

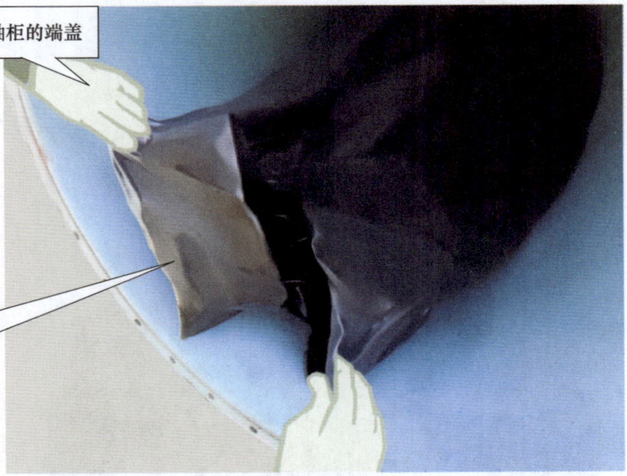

管道表面应清洁，管道内部应畅通、无杂质、无锈蚀和水分；更换接口密封垫，保证接口密封和呼吸畅通

胶囊应无老化、开裂现象，密封性能良好，可进行气压试验，压力为 0.03MPa，检查应无渗漏

胶囊悬挂在储油柜内，保证内外洁净，防止胶囊堵塞各联管口

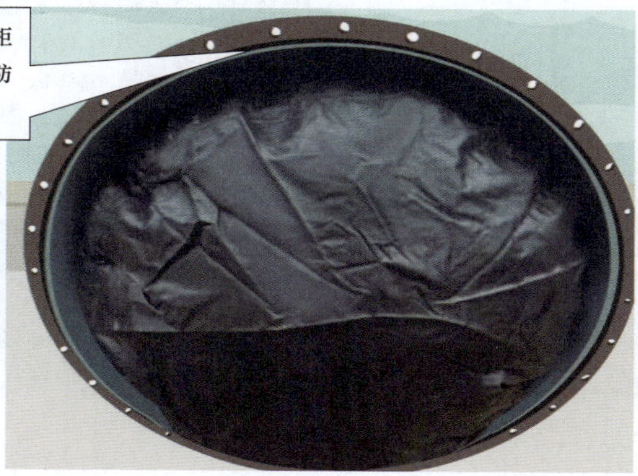

二、金属波纹式储油柜检修

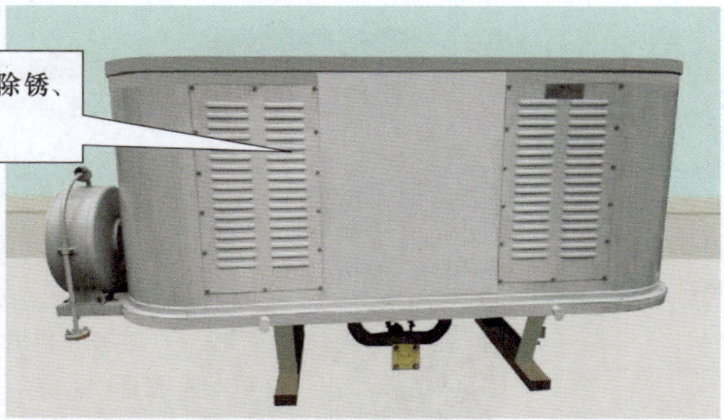

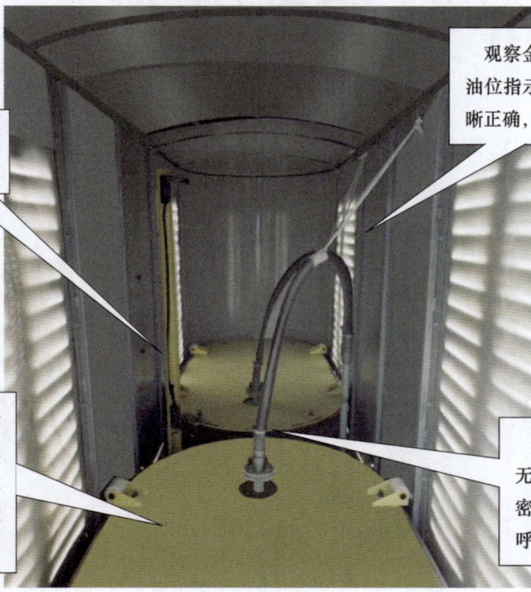

三、油位计检修

拆卸表计时，应先将油面降至表计以下，再将接线盒内信号连接线脱开，松开表计的固定螺栓，松动表计，将其与内部连接的连杆脱开，取出连杆和浮筒，防止损坏

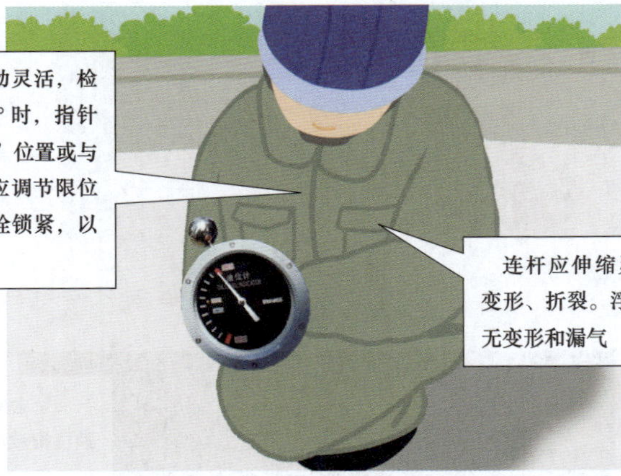

齿轮传动机构应转动灵活，检查摆动连杆，摆动45°时，指针应从“0”位置到“10”位置或与表盘刻度相符。否则应调节限位块，调整后将紧固螺栓锁紧，以防松脱

连杆应伸缩灵活，无变形、折裂。浮筒完好，无变形和漏气

当指针在“0”最低油位和“10”最高油位时，测量对应节点通断情况

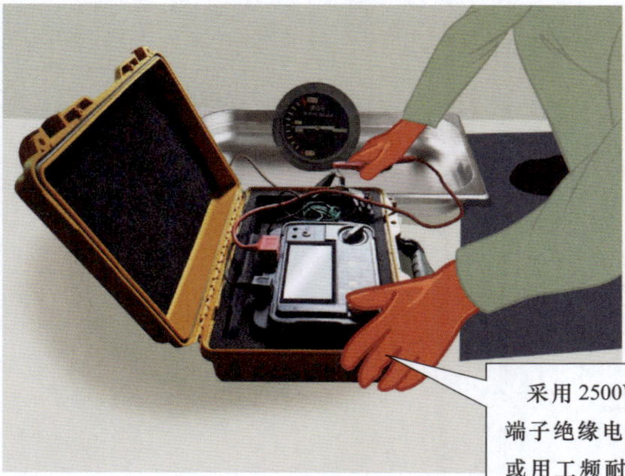

采用 2500V 绝缘电阻表测量信号端子绝缘电阻，其值应大于 1MΩ；或用工频耐压试验代替，施加 AC 2000V 电压，持续 1min，不应击穿

四、呼吸器检修

拧下并清洗呼吸器油杯

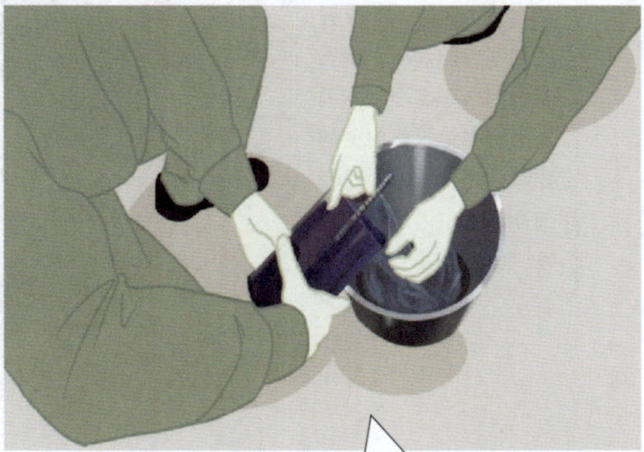

将呼吸器内的硅胶倒至准备好的回收容器内

将合格的新硅胶装入呼吸器内，装入量以硅胶高度距离罐顶 1/6~1/5 空隙为宜

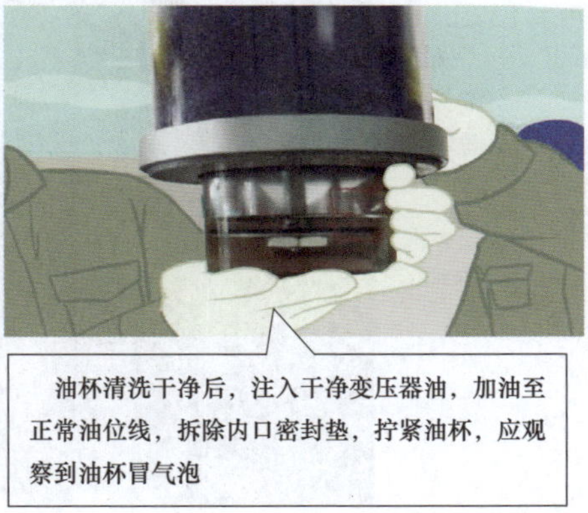

油杯清洗干净后，注入干净变压器油，加油至正常油位线，拆除内口密封垫，拧紧油杯，应观察到油杯冒气泡

第三节 有载分接开关检修

一、组合式有载分接开关检修

1. 切换开关油室检查

检查油室内部静触头表面有无放电及过热痕迹

回装时，注意是否卡在对应槽位内

2. 切换开关芯体检查

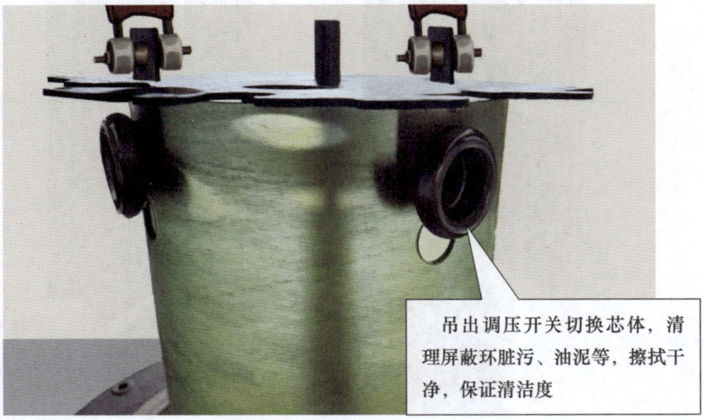
吊出调压开关切换芯体，清理屏蔽环脏污、油泥等，擦拭干净，保证清洁度

检查主弹簧、复位弹簧、爪卡有无变形断裂

检查切换开关的动、静触头接触是否良好，触头压力是否正常。测量每相单、双数与中性引出点间的回路电阻，每对触头间接触电阻不大于500μΩ

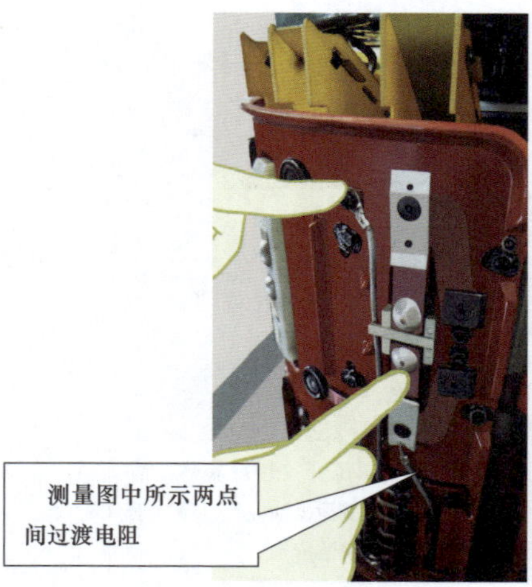
测量图中所示两点间过渡电阻

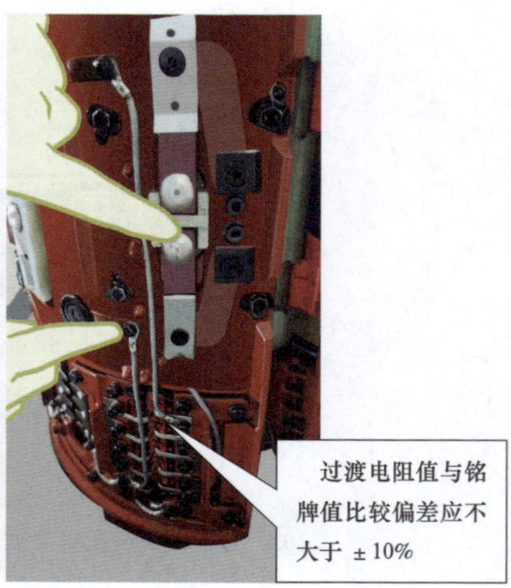
过渡电阻值与铭牌值比较偏差应不大于 ±10%

检查火花间隙有
无放电、烧伤痕迹，
最小间隙为 5mm

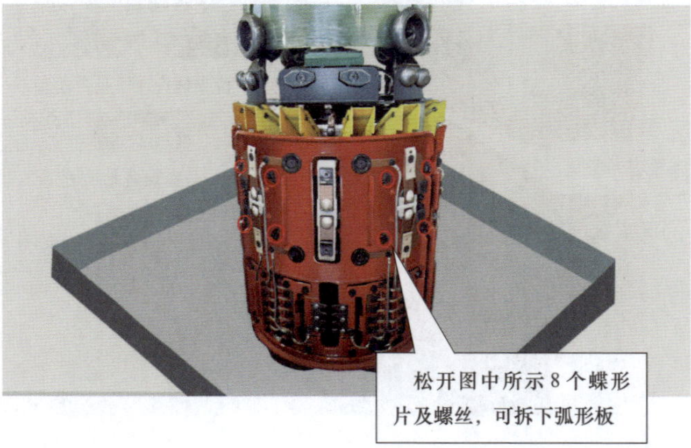
松开图中所示 8 个蝶形
片及螺丝，可拆下弧形板

检查过渡电阻有无断裂
检查主通断触头是否
有过热及电弧烧伤痕迹
检查主触头是否有
过热及电弧烧伤痕迹

取下隔弧片并进行清洗，检查有无放电痕迹

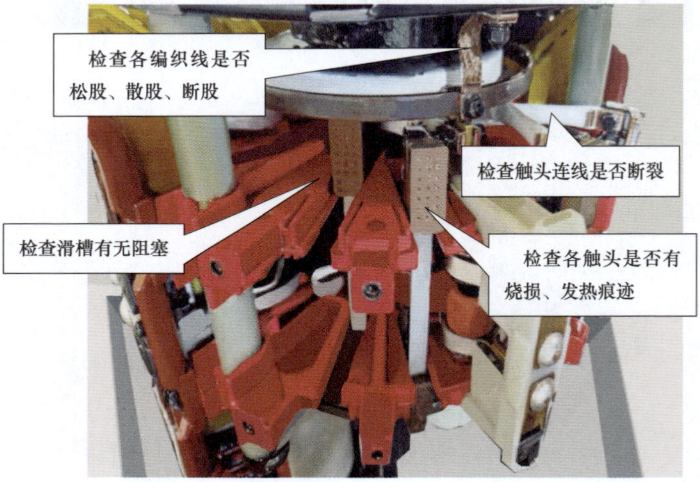
检查各编织线是否松股、散股、断股
检查触头连线是否断裂
检查滑槽有无阻塞
检查各触头是否有烧损、发热痕迹

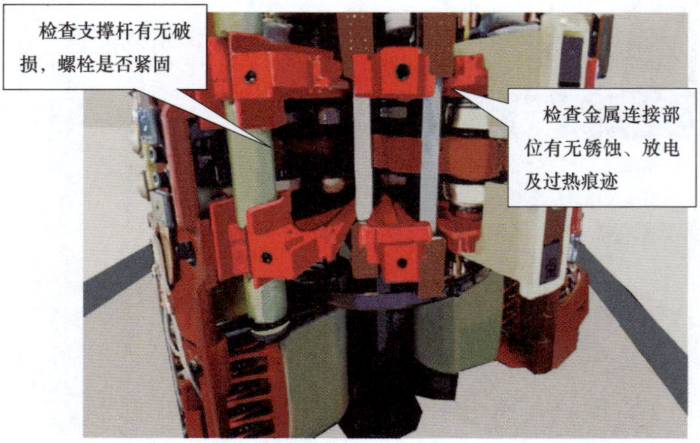
检查支撑杆有无破损，螺栓是否紧固
检查金属连接部位有无锈蚀、放电及过热痕迹

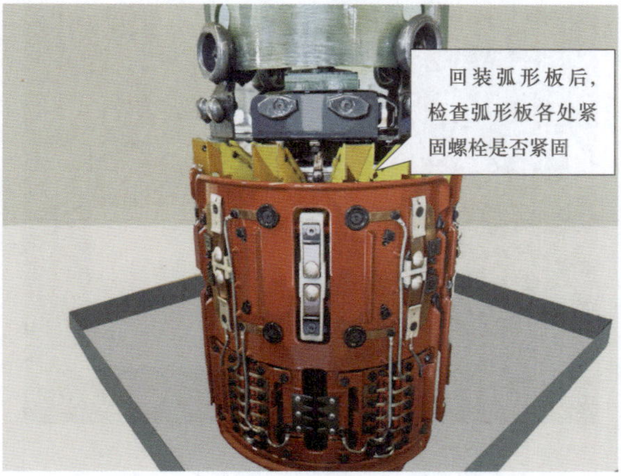

3. 分接选择器（吊罩后进行）

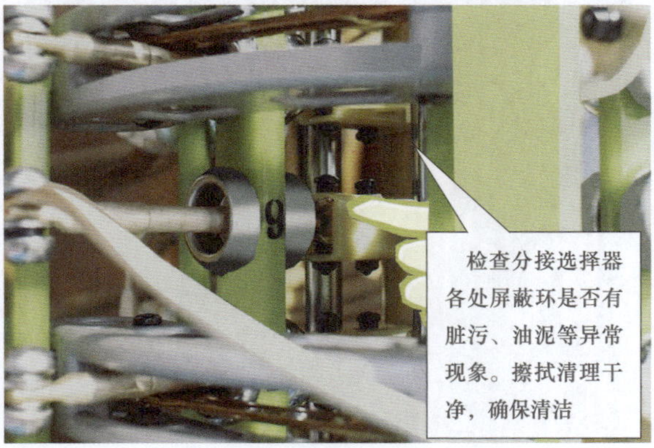

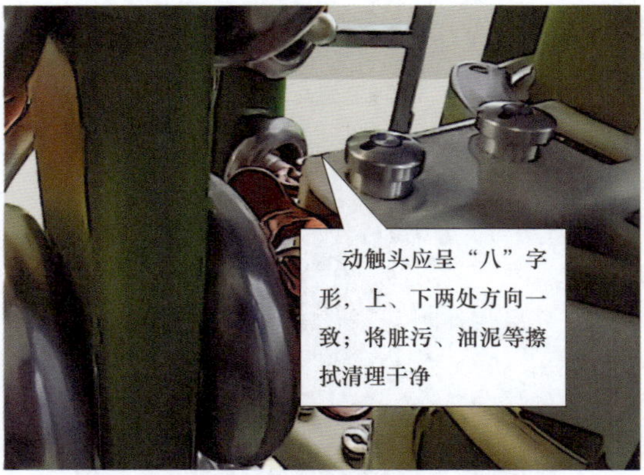
动触头应呈“八”字形，上、下两处方向一致；将脏污、油泥等擦拭清理干净

检查静触头有无烧伤、变形

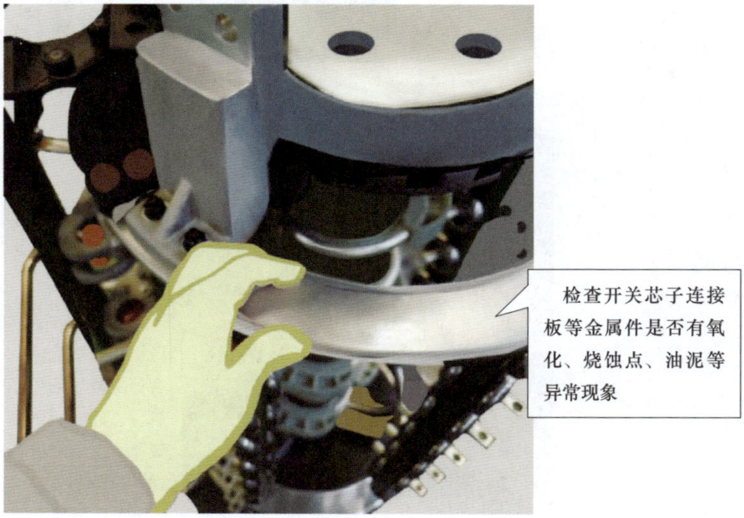
检查开关芯子连接板等金属件是否有氧化、烧蚀点、油泥等异常现象

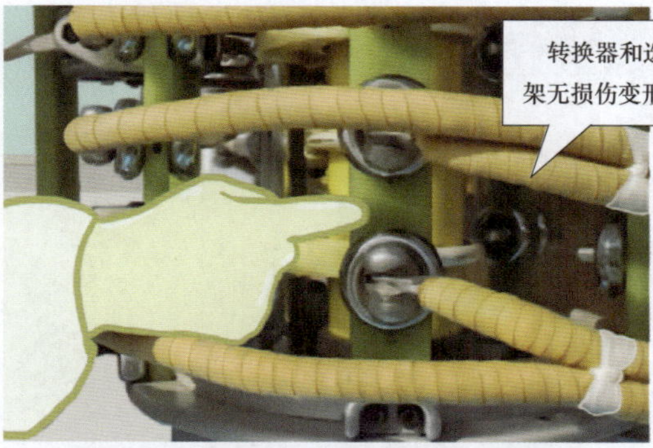
转换器和选择开关绝缘支架无损伤变形、无放电痕迹

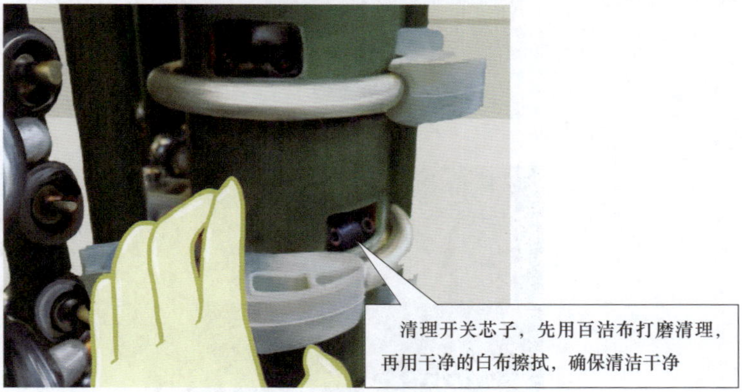
清理开关芯子，先用百洁布打磨清理，再用干净的白布擦拭，确保清洁干净

4. 机构检查

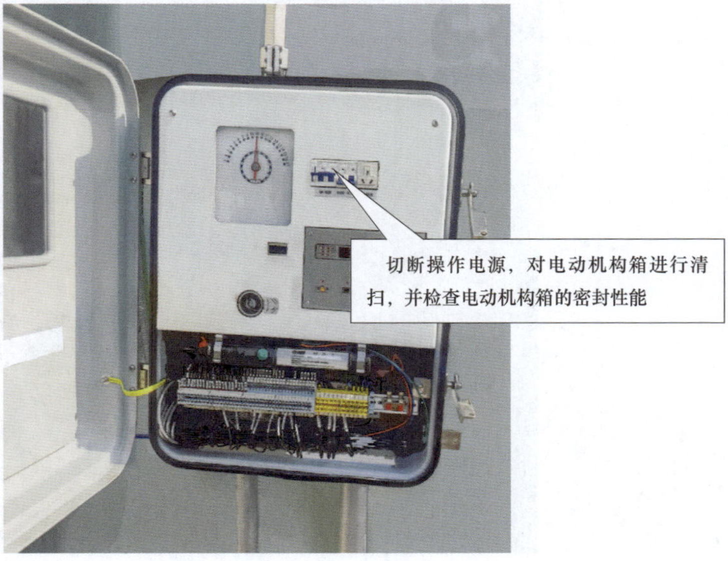
切断操作电源，对电动机构箱进行清扫，并检查电动机构箱的密封性能

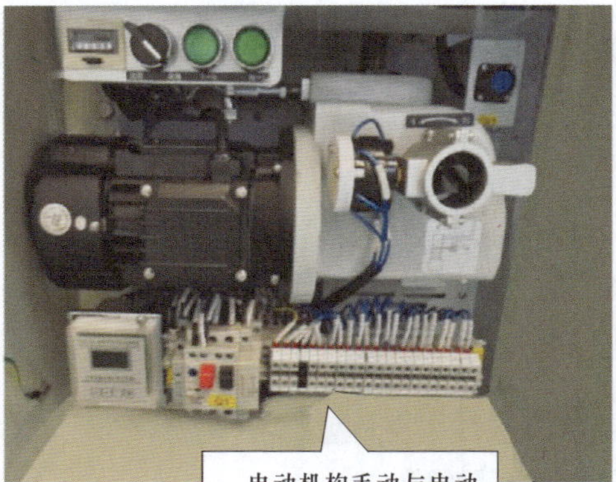

电动机构手动与电动的联锁性能，联锁可靠

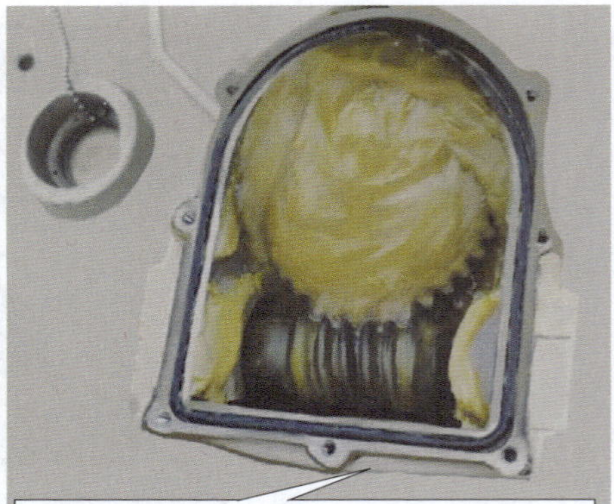

电动机构、传动齿轮应安装牢固，动作灵活，连接正确，无卡滞现象，对滑动接触部位（刹车部位除外）应加适量润滑脂

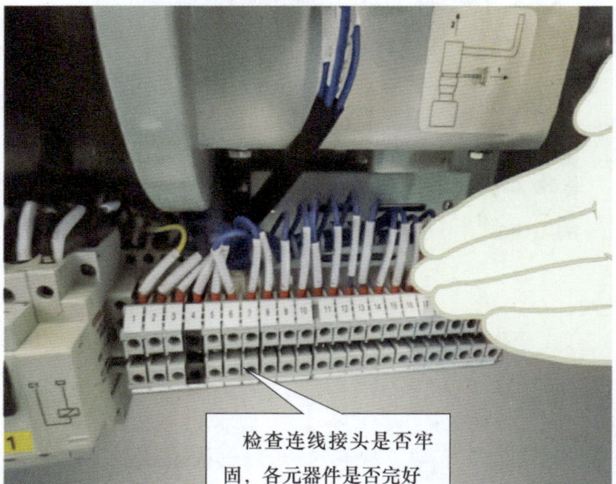

检查连线接头是否牢固，各元器件是否完好

检查电动机构逐级控制性能

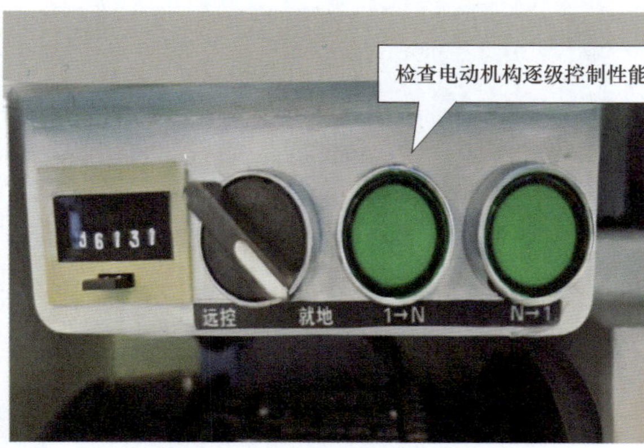

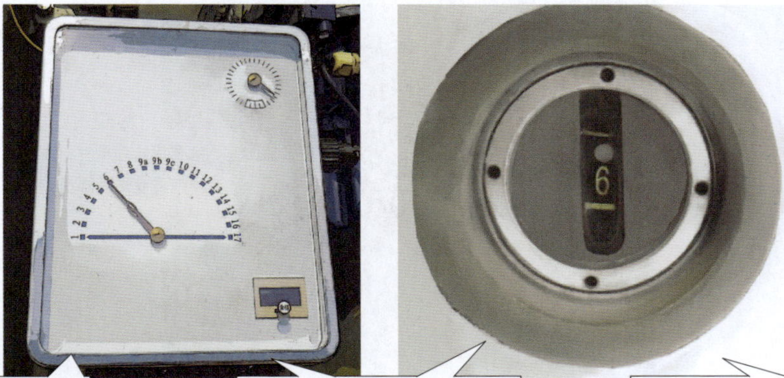

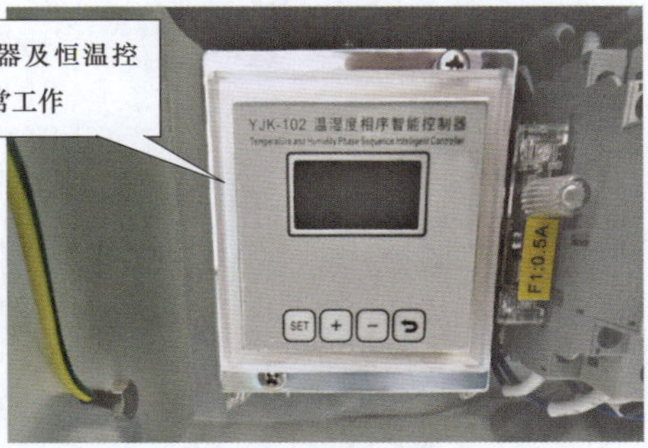

二、复合式有载分接开关检修

1. 快速机构检查

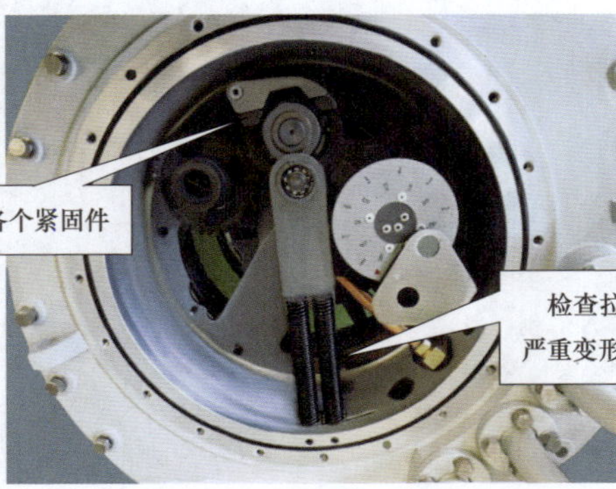

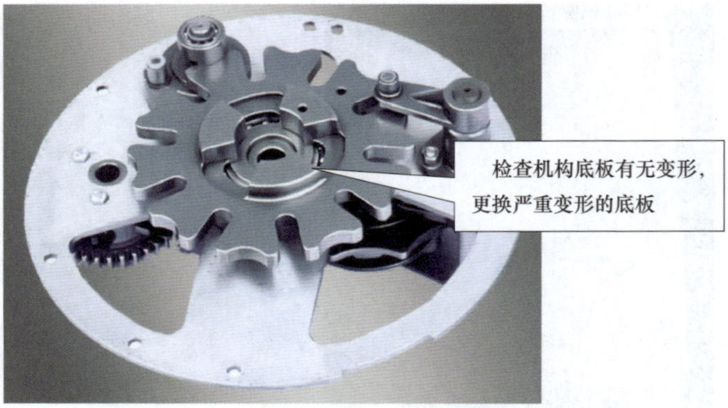
检查机构底板有无变形，
更换严重变形的底板

2. 切换开关油室检查

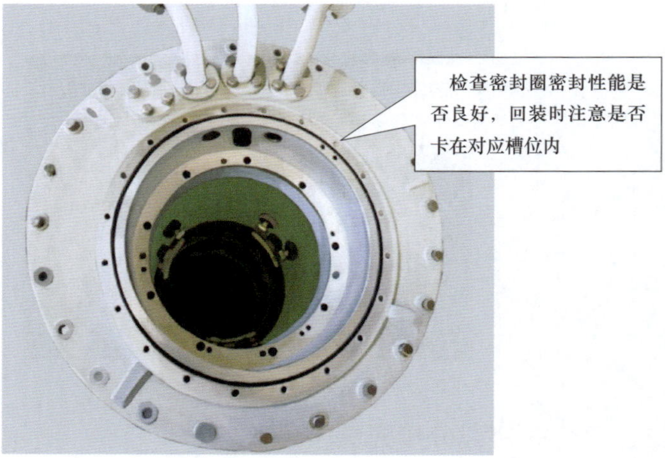
检查密封圈密封性能是
否良好，回装时注意是否
卡在对应槽位内

用海绵吸尽切换
开关油室内的油污

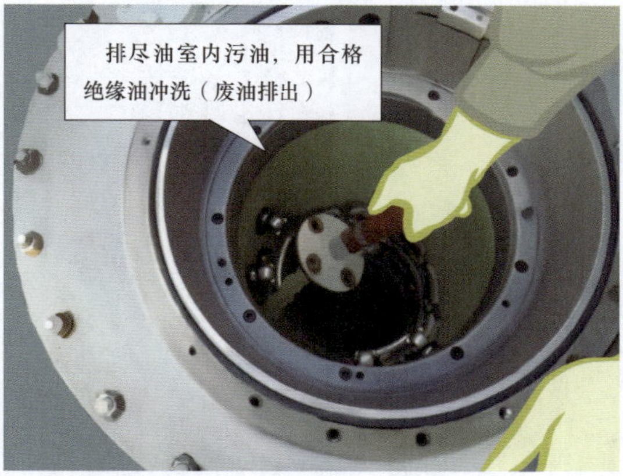
排尽油室内污油，用合格绝缘油冲洗（废油排出）

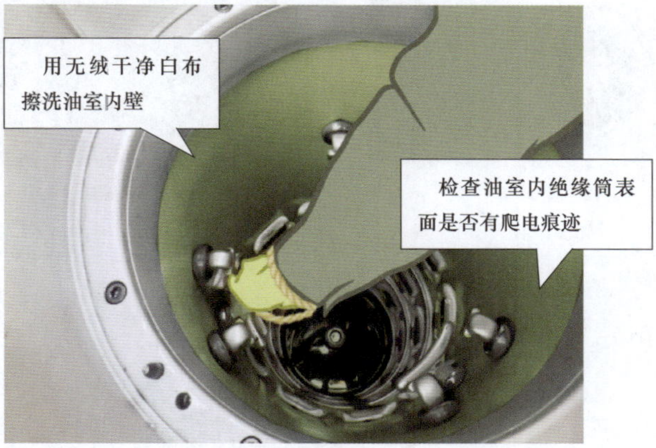
用无绒干净白布擦洗油室内壁
检查油室内绝缘筒表面是否有爬电痕迹

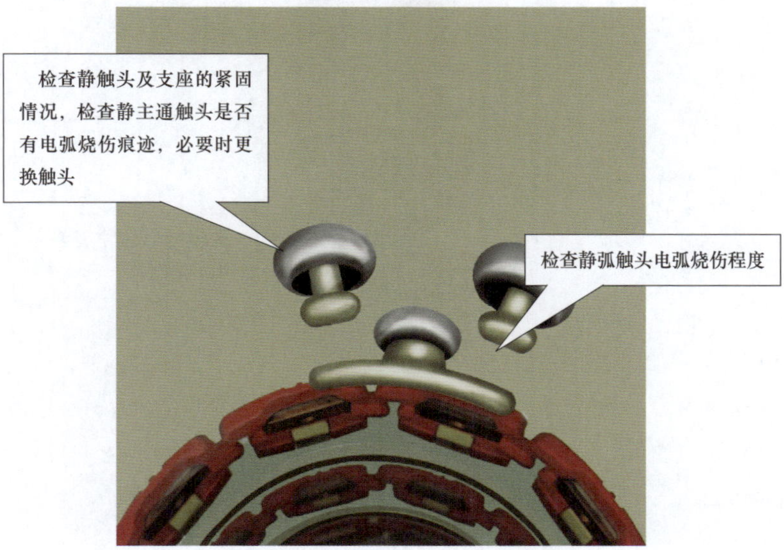
检查静触头及支座的紧固情况，检查静主通触头是否有电弧烧伤痕迹，必要时更换触头
检查静弧触头电弧烧伤程度

清理油室外表面屏蔽环脏污、油泥等，确保清洁

检查油室外表面触头有无电弧烧伤痕迹，并保证紧固

3. 切换开关芯体检查

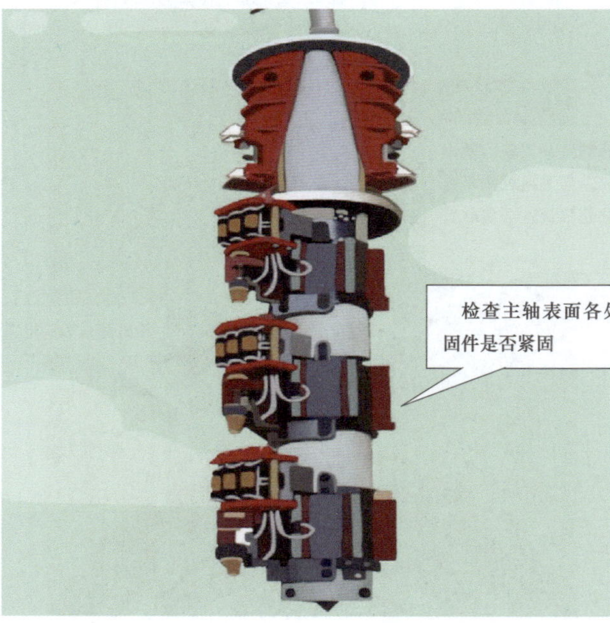

检查主轴表面各处紧固件是否紧固

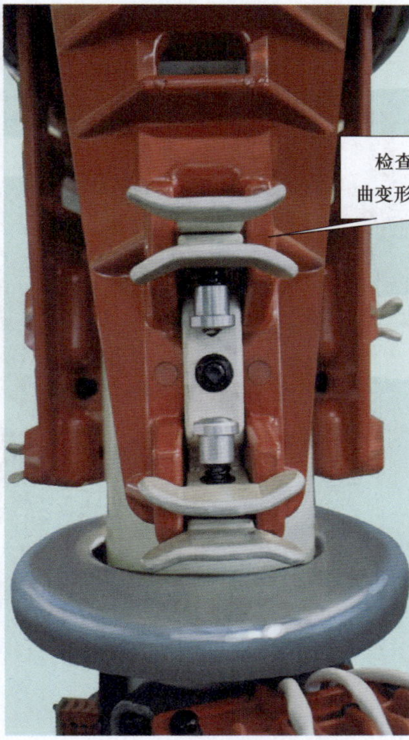
检查转换选择器的动触头有无弯曲变形，内部弹簧弹性是否良好

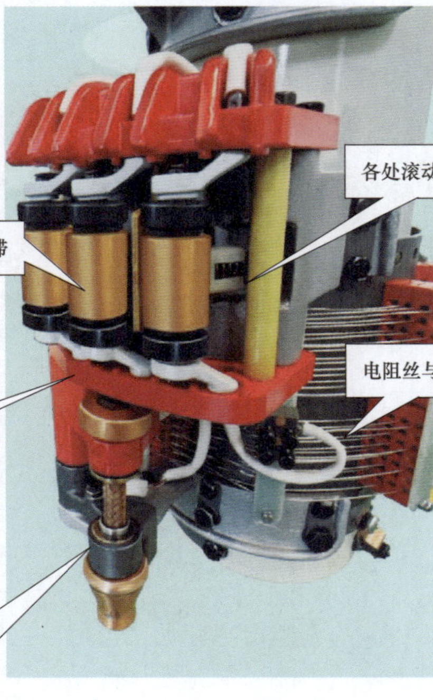
各处滚动触头处弹簧应能正确回弹
滚动触头应滚动灵活，无卡滞
电阻丝与动触头的软连接线应无损伤
动触头两侧的绝缘滚轮应无磨损开裂
软连接应无松股、散股、断股

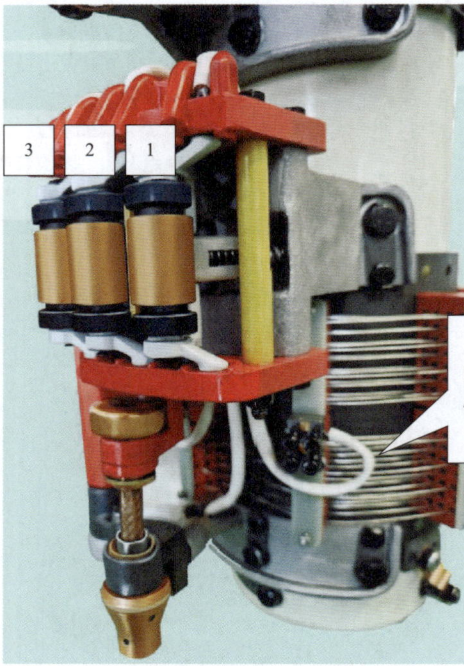

三、真空有载分接开关检修

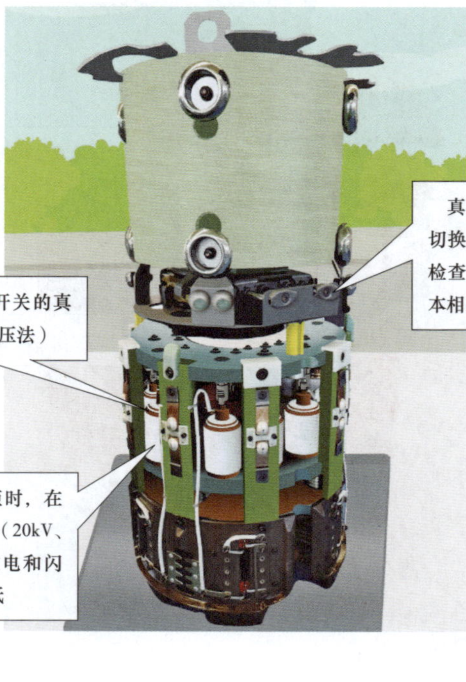

第四节 冷却装置检修

一、散热器检修

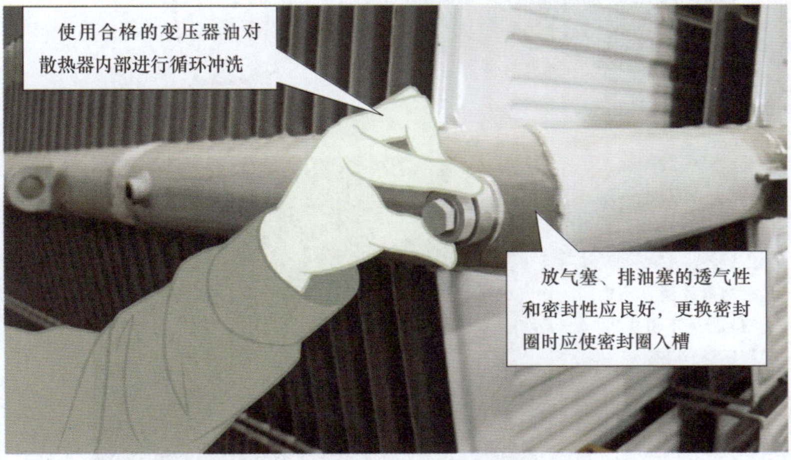

二、潜油泵检修

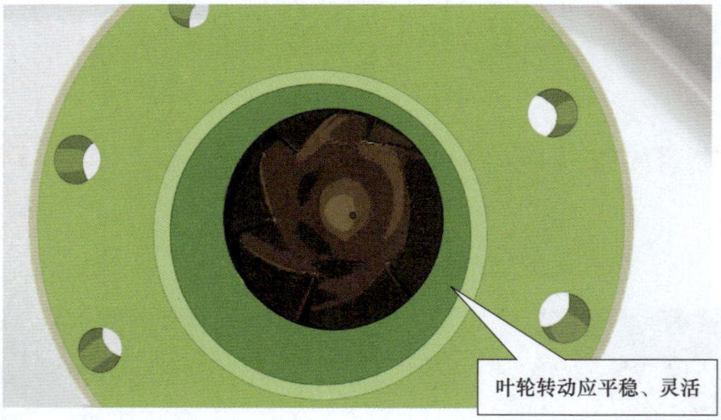
叶轮转动应平稳、灵活

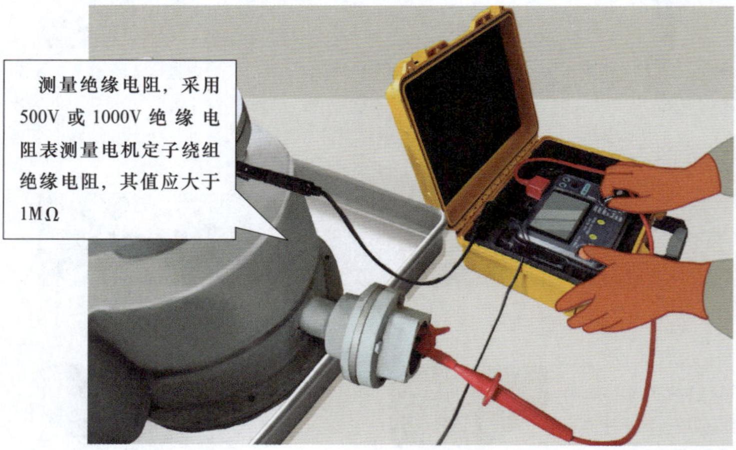
测量绝缘电阻，采用500V或1000V绝缘电阻表测量电机定子绕组绝缘电阻，其值应大于1MΩ

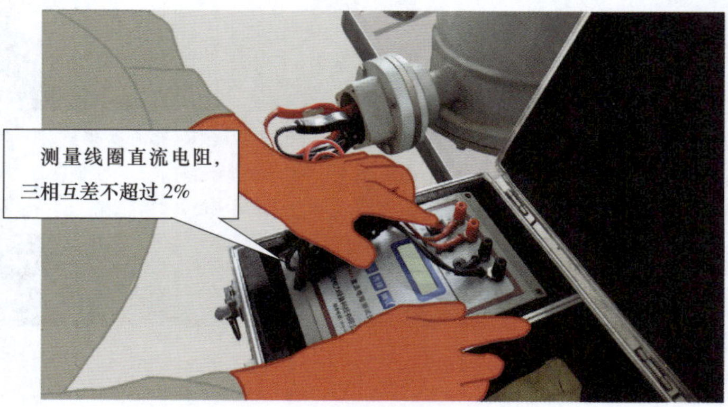
测量线圈直流电阻，三相互差不超过2%

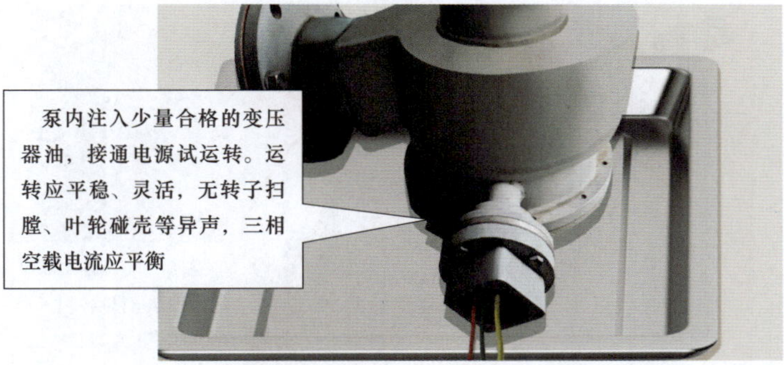
泵内注入少量合格的变压器油，接通电源试运转。运转应平稳、灵活，无转子扫膛、叶轮碰壳等异声，三相空载电流应平衡

三、油流继电器检修

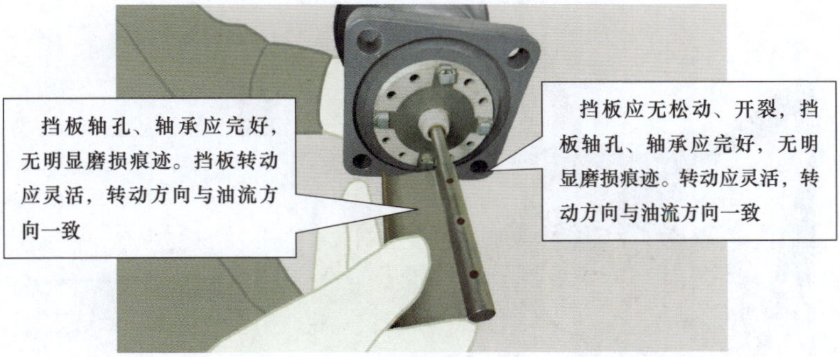
挡板轴孔、轴承应完好，无明显磨损痕迹。挡板转动应灵活，转动方向与油流方向一致
挡板应无松动、开裂，挡板轴孔、轴承应完好，无明显磨损痕迹。转动应灵活，转动方向与油流方向一致

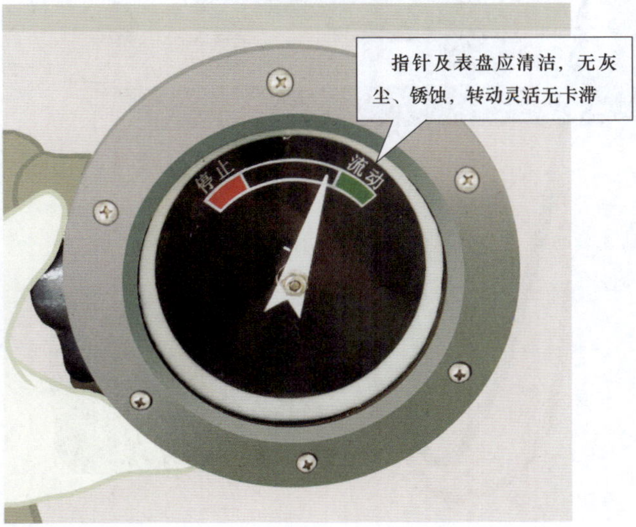
指针及表盘应清洁，无灰尘、锈蚀，转动灵活无卡滞
停止
流动

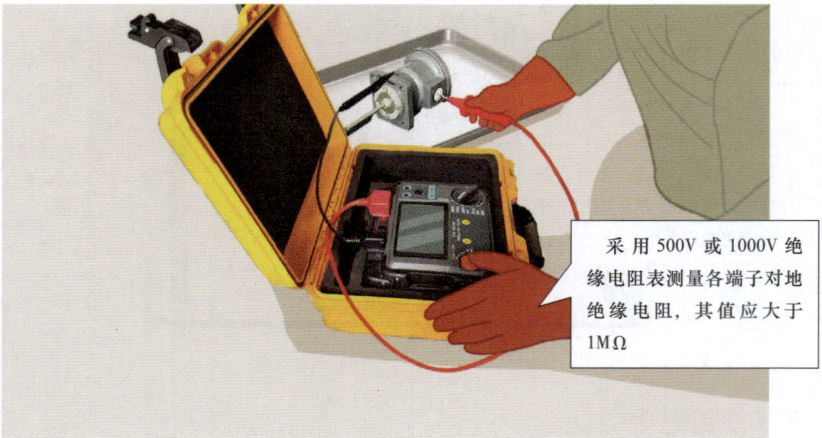
采用 500V 或 1000V 绝缘电阻表测量各端子对地绝缘电阻，其值应大于 1MΩ

用手转动挡板，在原位转动 85° 后，用万用表测量接线端子，微动开关应动作正确

四、风机检修

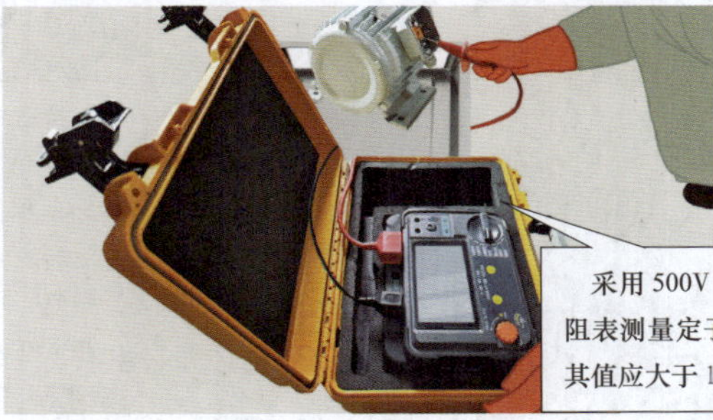

采用500V或1000V绝缘电阻表测量定子线圈绝缘电阻，其值应大于1MΩ

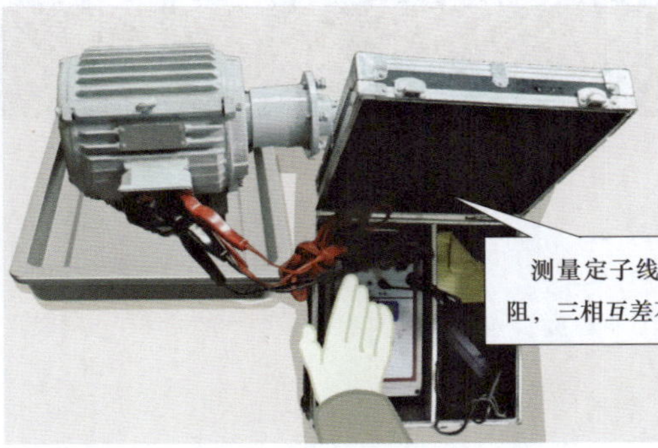

测量定子线圈的直流电阻，三相互差不超过2%

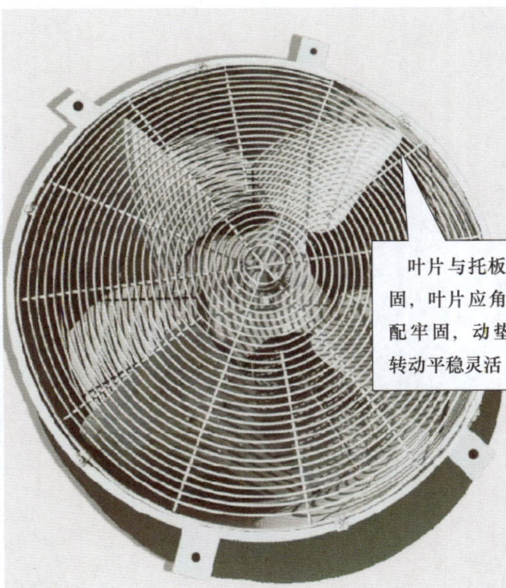

叶片与托板的铆接应牢固，叶片应角度一致、装配牢固，动垫圈应锁紧、转动平稳灵活

拨动叶轮转动灵活后，通入380V交流电源，运行5min以上，转动方向正确，运转应平稳、灵活，无转子扫膛、叶轮碰壳等异声，三相电流基本平衡

第五节　非电量保护装置检修

一、气体继电器检修

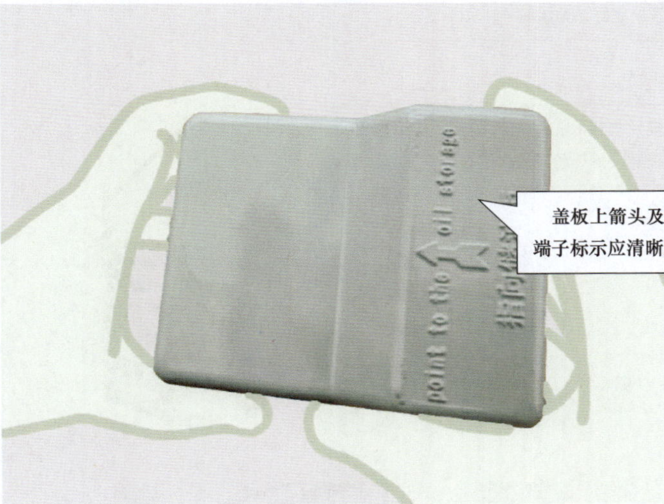

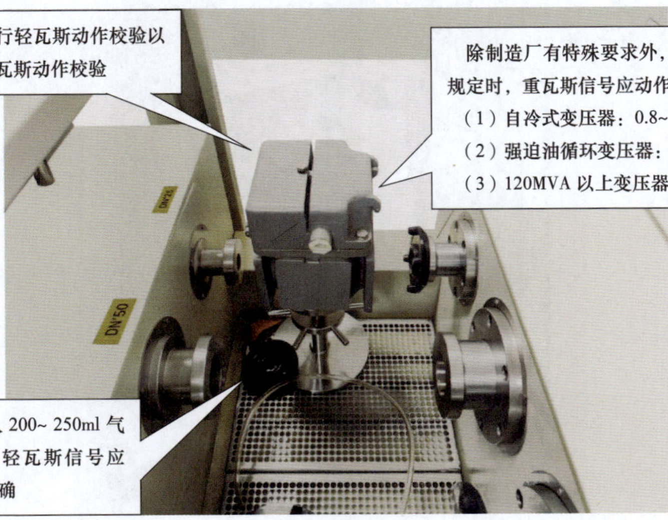

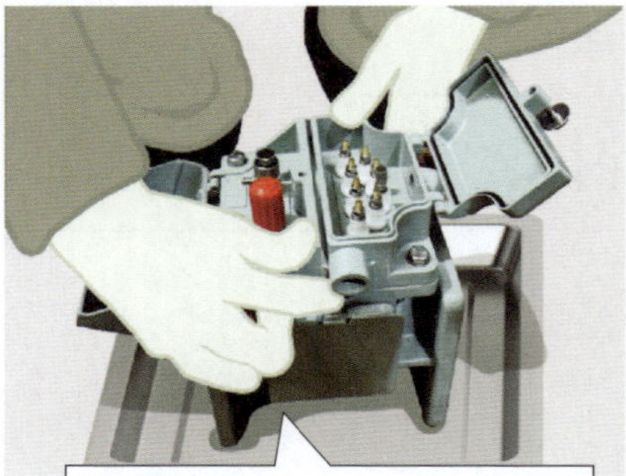

放气阀门、放油塞、接线端子盒、小套管应完好，无渗漏

容器、玻璃窗应完整清洁，密封无渗漏

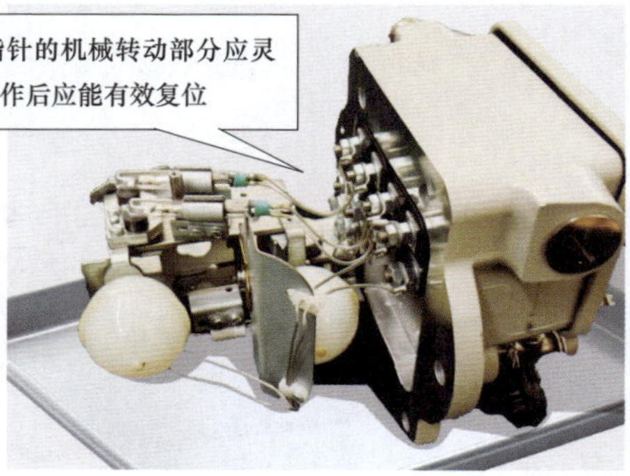

浮筒、挡板和指针的机械转动部分应灵活、正确，指针动作后应能有效复位

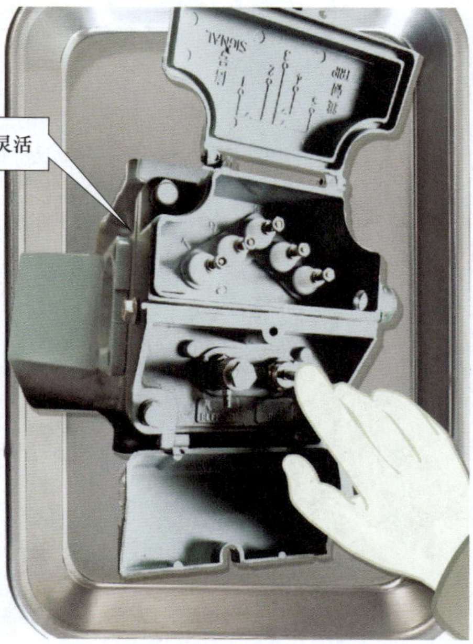

探针动作应灵活

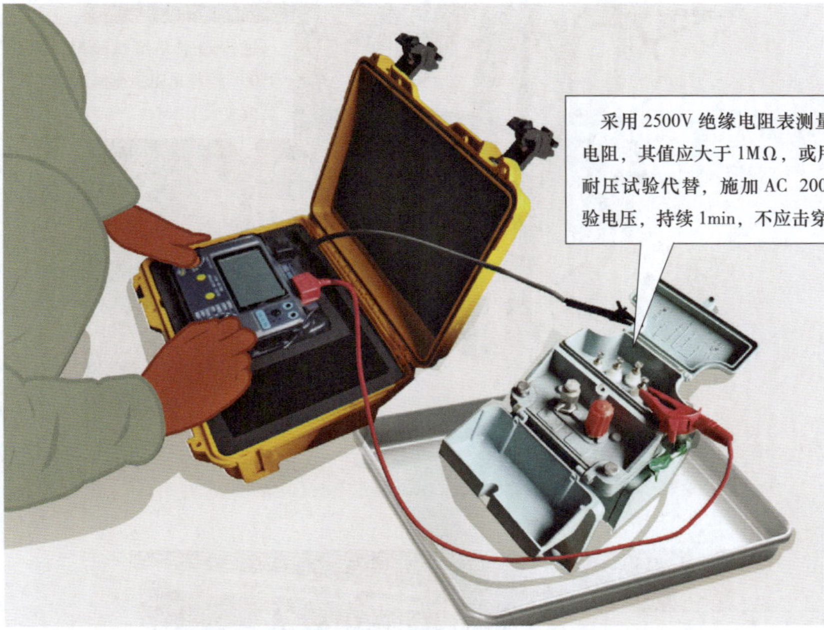
采用 2500V 绝缘电阻表测量绝缘电阻，其值应大于 1MΩ，或用工频耐压试验代替，施加 AC 2000V 试验电压，持续 1min，不应击穿

二、绕组温度计检修

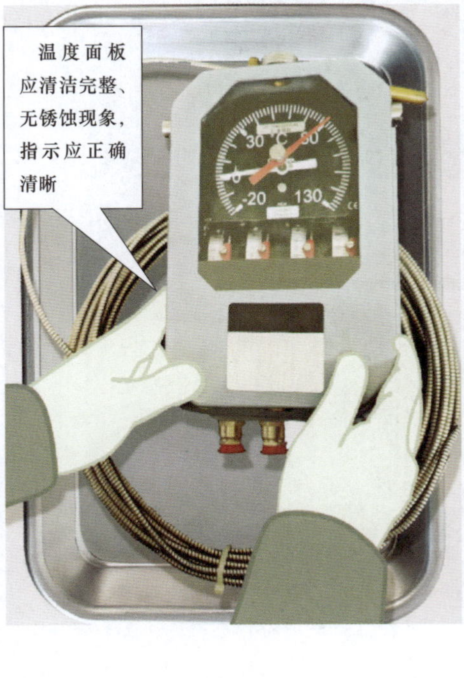
温度面板应清洁完整、无锈蚀现象，指示应正确清晰

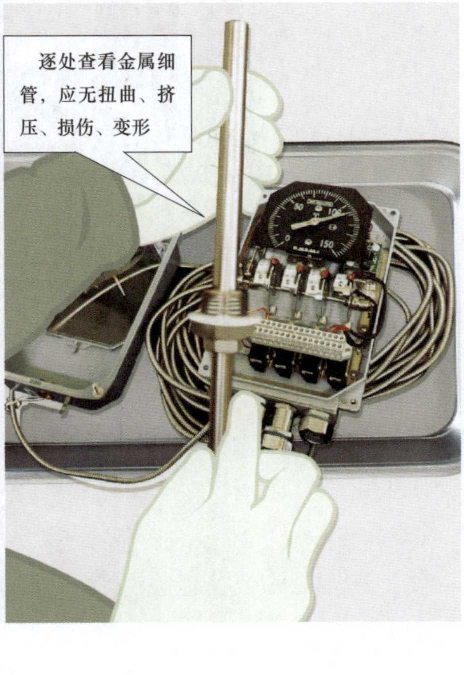
逐处查看金属细管，应无扭曲、挤压、损伤、变形

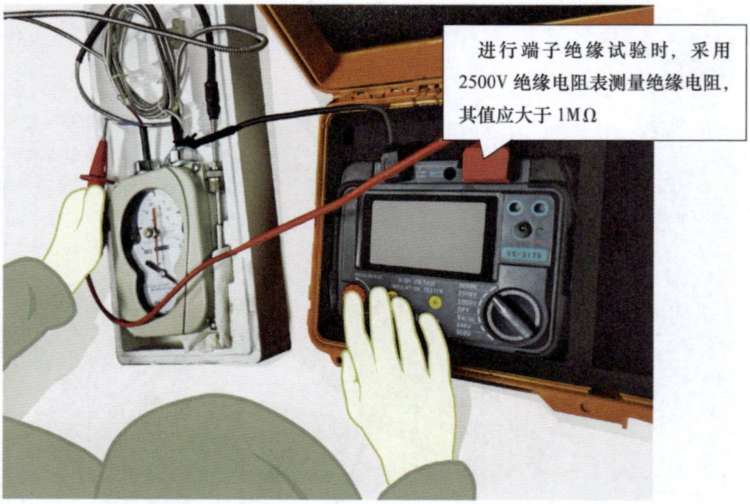
进行端子绝缘试验时，采用2500V绝缘电阻表测量绝缘电阻，其值应大于1MΩ

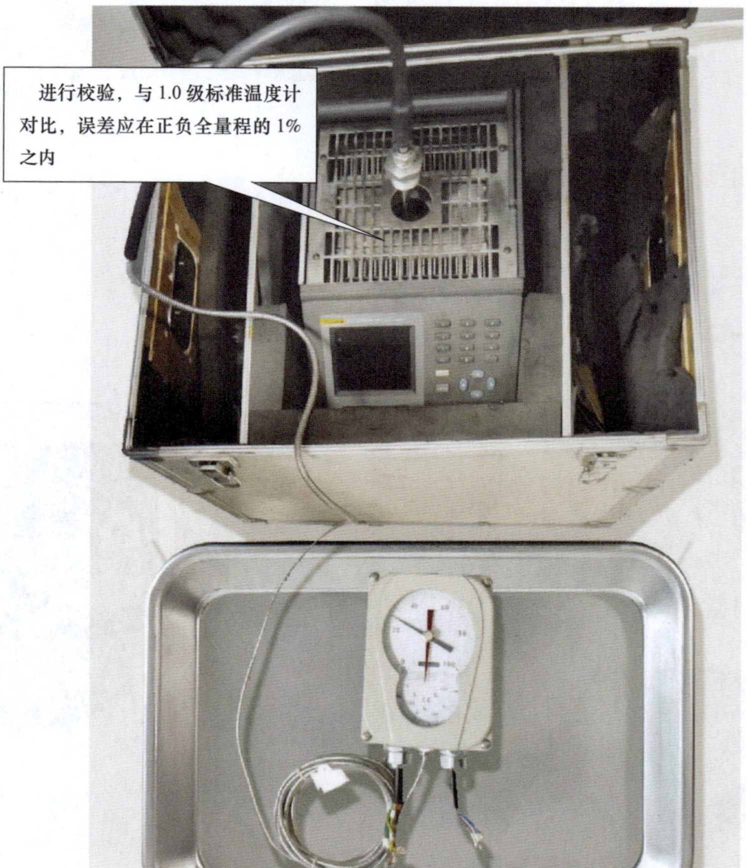
进行校验，与1.0级标准温度计对比，误差应在正负全量程的1%之内

三、压力释放装置

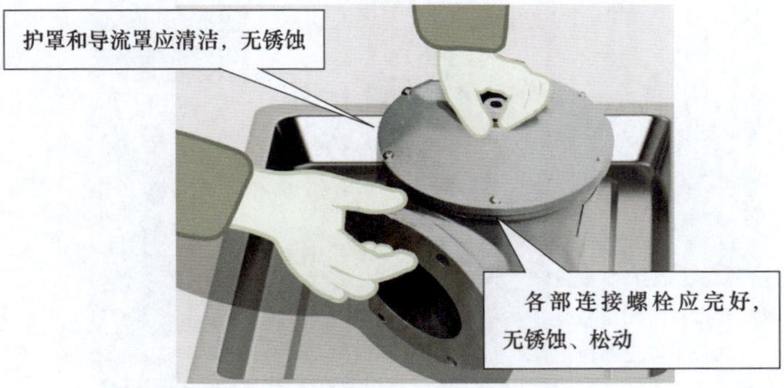
护罩和导流罩应清洁，无锈蚀
各部连接螺栓应完好，无锈蚀、松动

检查微动开关触点接触良好，进行动作试验，微动开关动作应正确；微动开关无雨水进入和受潮现象

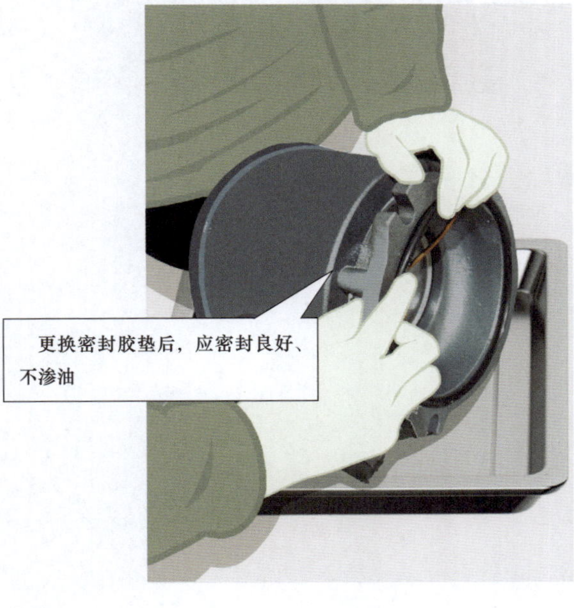
更换密封胶垫后，应密封良好、不渗油

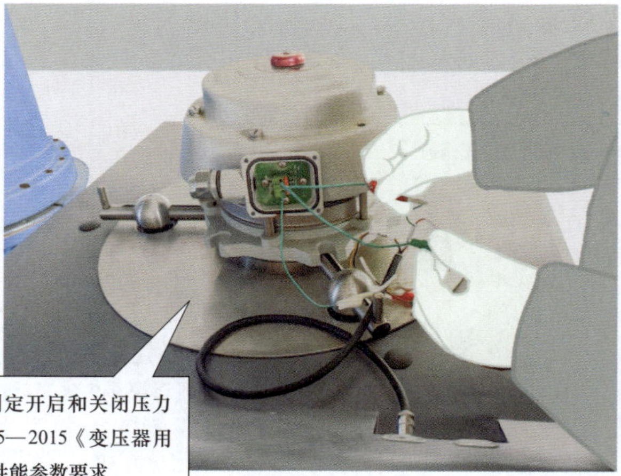

通过加压和减压测定开启和关闭压力值，应符合 JB/T 7065—2015《变压器用压力释放阀》中 5.1 性能参数要求

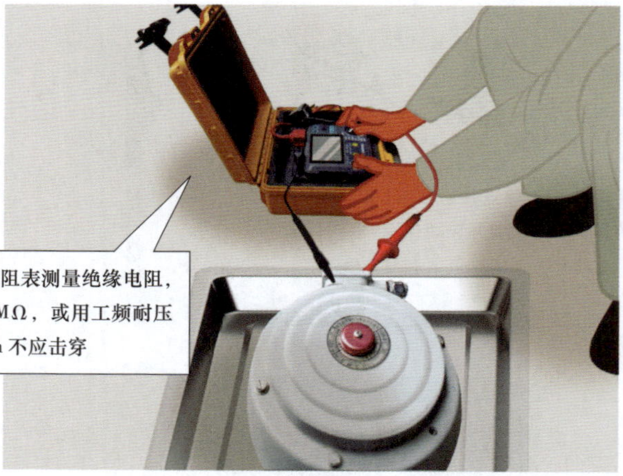

采用 2500V 绝缘电阻表测量绝缘电阻，绝缘电阻值应大于 1MΩ，或用工频耐压试验 AC 2000V、1min 不应击穿

第六节 其他组 / 部件检修

一、二次端子箱检修

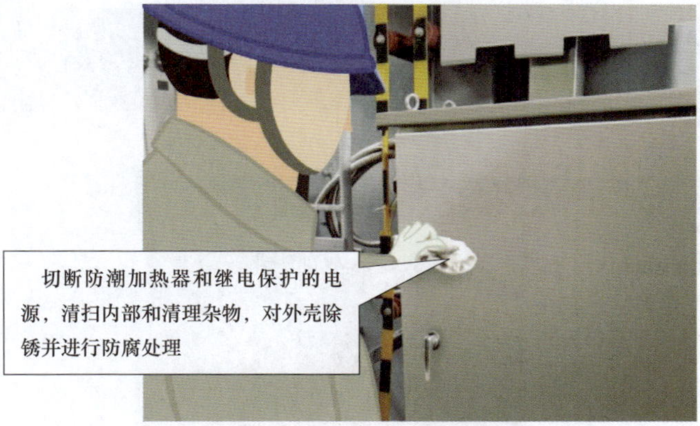

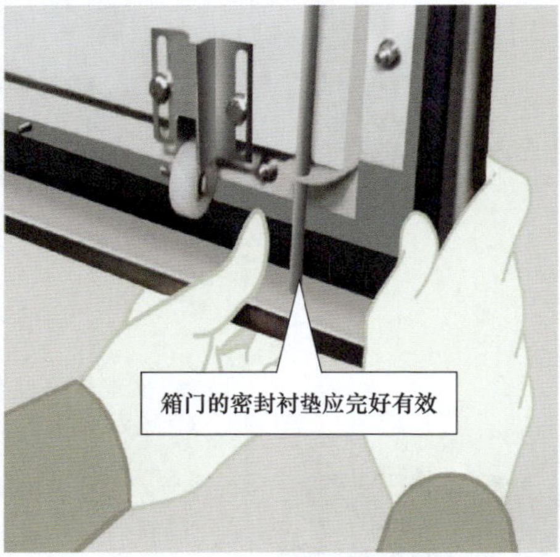
箱门的密封衬垫应完好有效

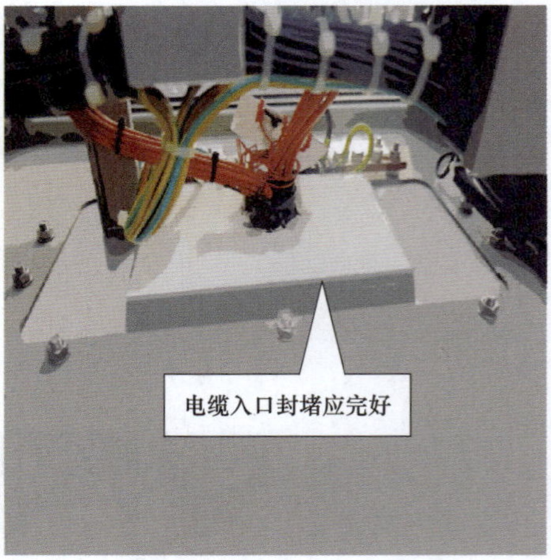
电缆入口封堵应完好

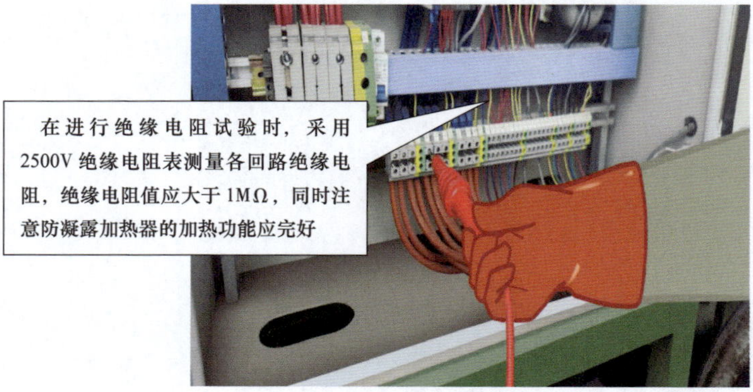
在进行绝缘电阻试验时，采用2500V绝缘电阻表测量各回路绝缘电阻，绝缘电阻值应大于1MΩ，同时注意防凝露加热器的加热功能应完好

二、阀门检修

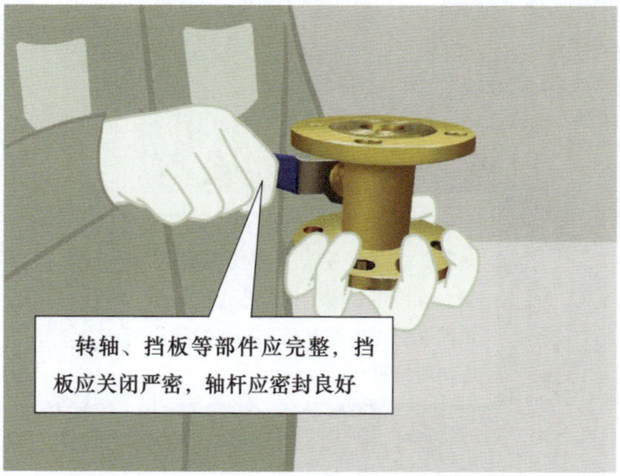
转轴、挡板等部件应完整，挡板应关闭严密，轴杆应密封良好

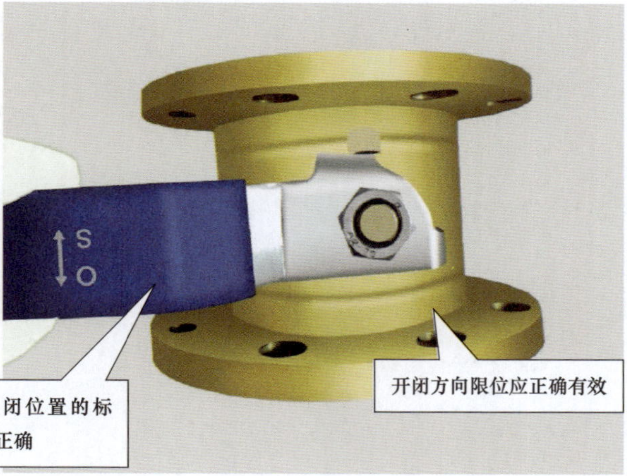
S
O
指示开、闭位置的标志应清晰、正确
开闭方向限位应正确有效

复装时更换所有密封垫，阀体和操作轴头安装方向应一致；各密封面应平整、无渗漏

第四章

互感器、电抗器、消弧线圈及接地变压器检修

变压器类设备除了变压器以外，还包括电压互感器、电流互感器、电抗器、消弧线圈及接地变压器等，在整个变电站内也发挥着重要的作用。

本章节简单的介绍了互感器、电抗器、消弧线圈及接地变压器的C类检修工艺及标准。

第一节　互感器检修

检查瓷套有无破损、裂痕、掉釉现象。瓷套破损可用环氧树脂修补裙边小破损，或用强力胶粘接修复碰掉的小瓷块

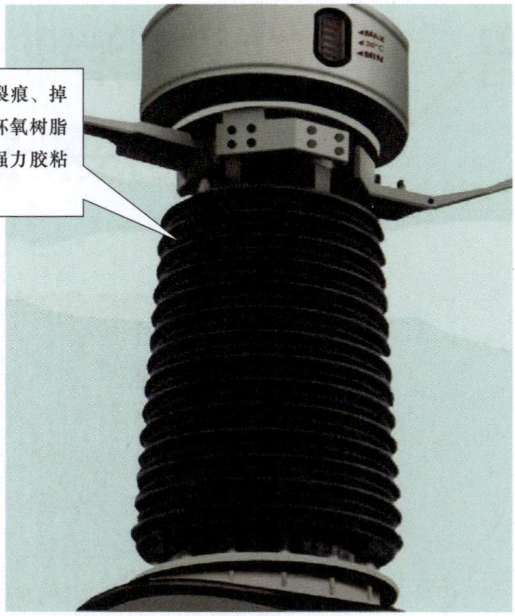

检查一次接线板是否连接紧固、密封良好

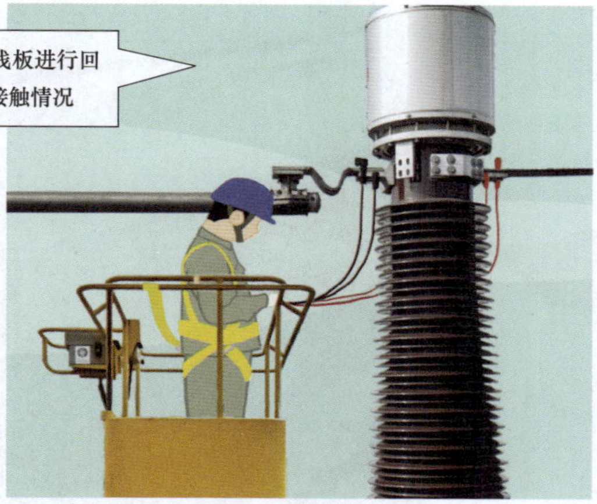

对电流互感器接线板进行回路电阻测量，检查接触情况

针对测量回路电阻值大于 30μΩ 的部位，进行打磨清洁处理

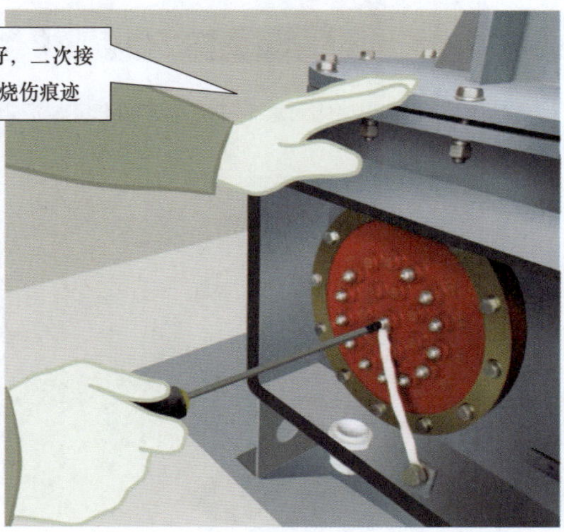

检查末屏接地是否良好，二次接线板有无受潮，有无放电烧伤痕迹

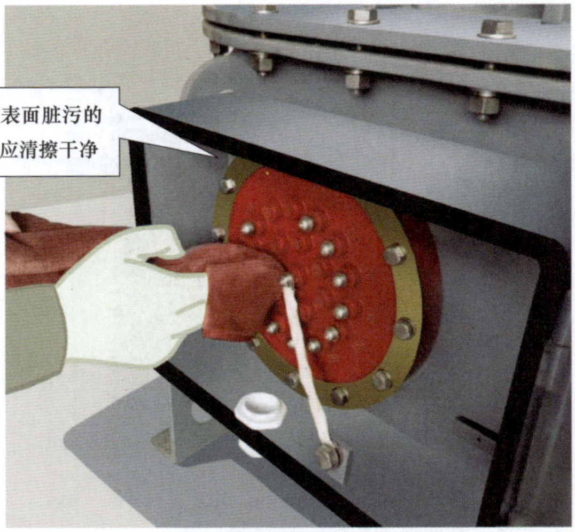
针对表面脏污的
地方，应清擦干净

针对油位观察窗表面脏污的地方，应清擦干净
MAX
20°C
MIN
油位观察窗应清晰，油位应指示正确，并有“最高”“最低”及20℃标准油位线

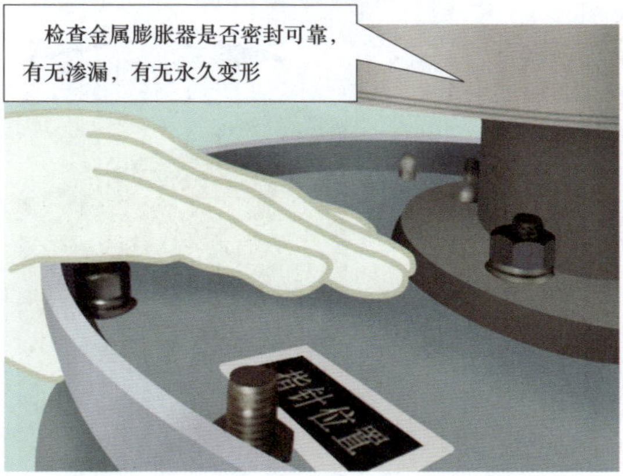
检查金属膨胀器是否密封可靠，有无渗漏，有无永久变形
指针位置

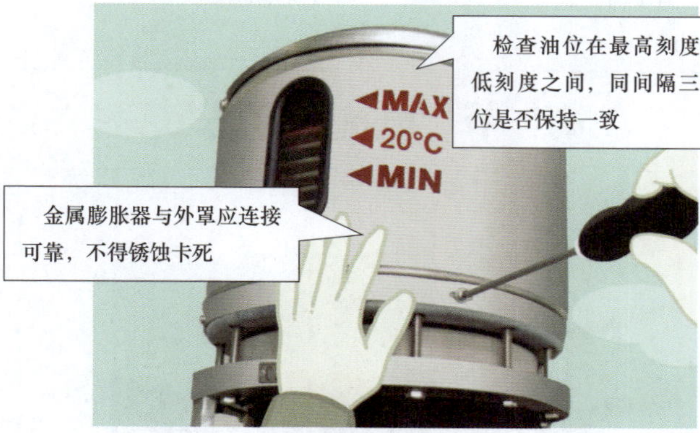
检查油位在最高刻度及最低刻度之间，同间隔三相油位是否保持一致
MAX
20°C
MIN
金属膨胀器与外罩应连接可靠，不得锈蚀卡死

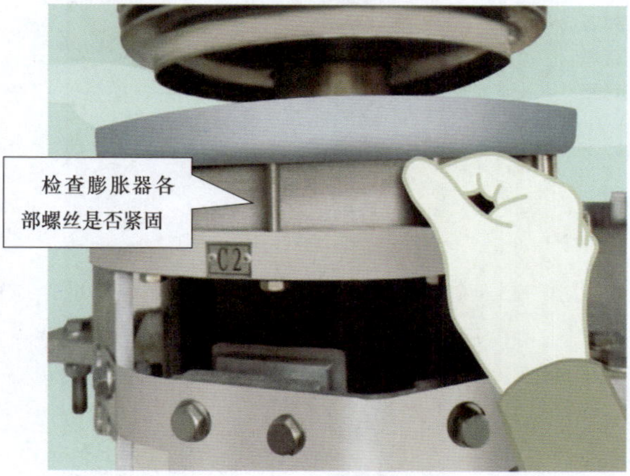
检查膨胀器各部螺丝是否紧固
C2

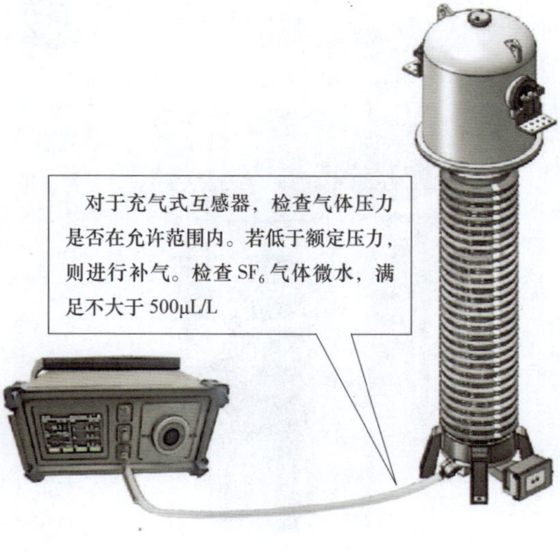
对于充气式互感器，检查气体压力是否在允许范围内。若低于额定压力，则进行补气。检查 SF_6 气体微水，满足不大于 500μL/L

第二节 电抗器检修

外观应完整无损，外包封表面应清洁、无裂纹、无脱落现象，应无爬电痕迹，应无动物巢穴等异物

支柱绝缘子金属部位应无锈蚀，支架应牢固，应无倾斜变形

检查绝缘性能是否良好，绝缘电阻值不应低于2500MΩ

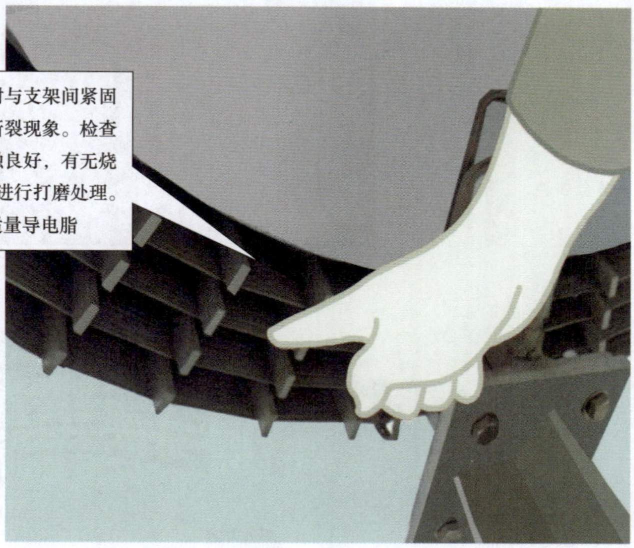

检查电抗器包封与支架间紧固带是否有松动、断裂现象。检查接线桩头是否接触良好，有无烧伤痕迹。必要时，进行打磨处理。装配时，应涂抹适量导电脂

检查电抗器上、下汇流排，应无变形、裂纹现象。检查电抗器绕组至汇流排引线是否存在断裂、松焊现象

检查紧固件，应紧固、无松动现象；检查器身及金属件，应无变色、过热现象

检查通风道及器身的卫生情况。必要时用内窥镜检查，通风道应无堵塞，器身应卫生，无尘土、脏物，无流胶、裂纹现象

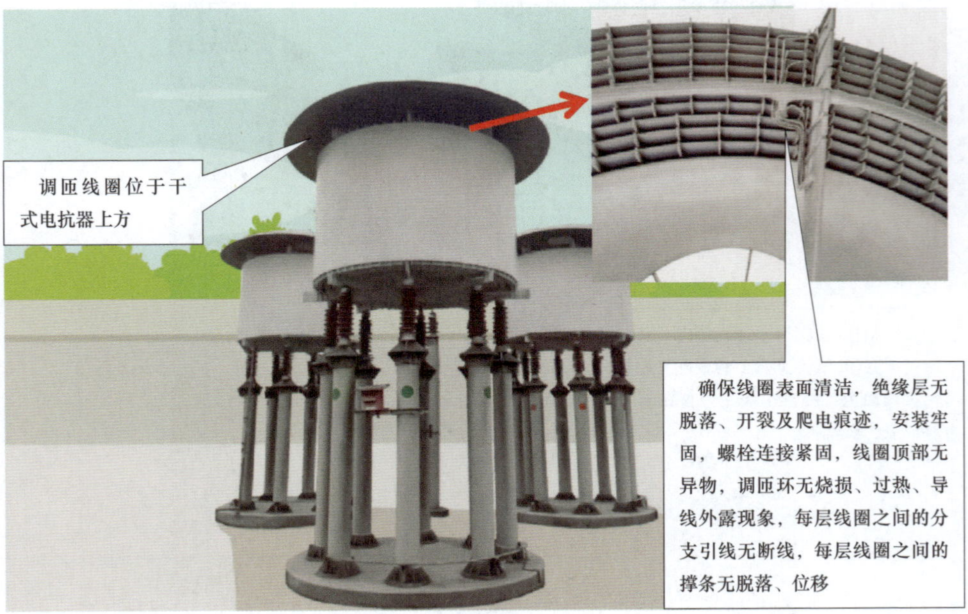
调匝线圈位于干式电抗器上方
确保线圈表面清洁，绝缘层无脱落、开裂及爬电痕迹，安装牢固，螺栓连接紧固，线圈顶部无异物，调匝环无烧损、过热、导线外露现象，每层线圈之间的分支引线无断线，每层线圈之间的撑条无脱落、位移

油浸式电抗器的检修方法参照油浸式变压器的检修方法

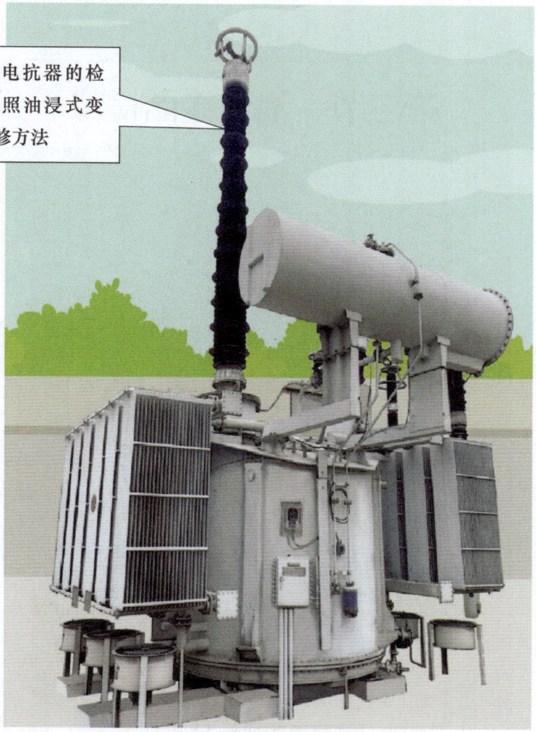

第三节　消弧线圈检修

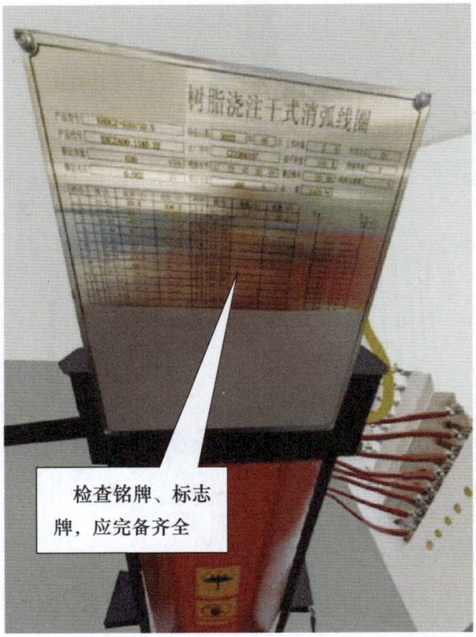

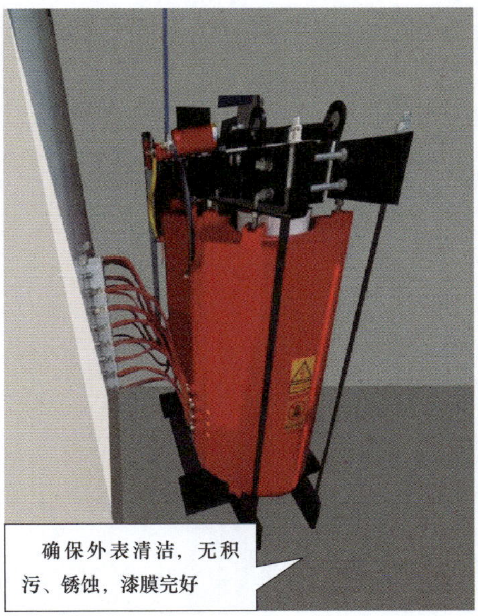

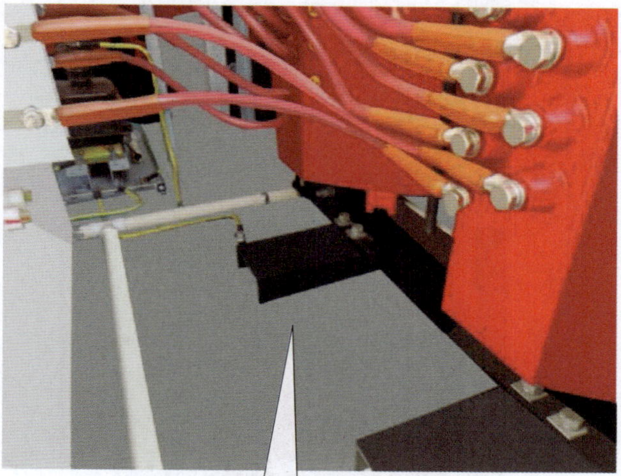

清扫外绝缘，检查导线接头。应清洁、无杂物，一次引接线应连接可靠

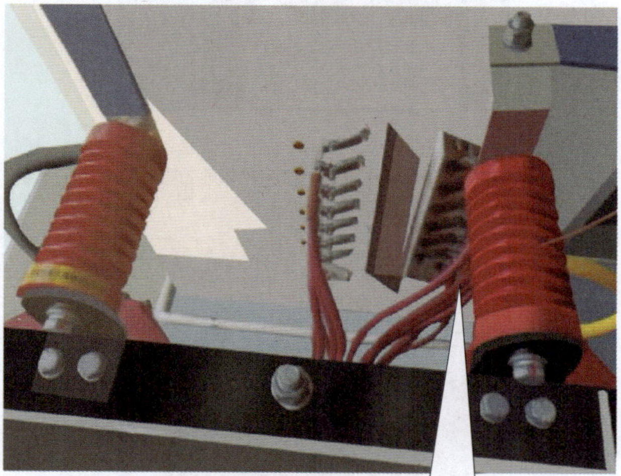

检查瓷套有无破损、裂痕、掉釉现象，根据破损情况修复或更换，或用强力胶粘接修复碰掉的小瓷块，检查增爬裙的黏着情况及憎水性，若老化失效，应予更换。检查防污涂层的憎水性，若失效，应重新涂覆

第四节　接地变压器检修

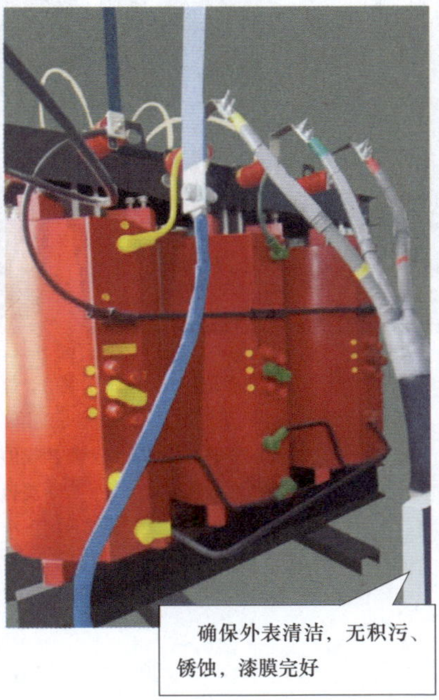

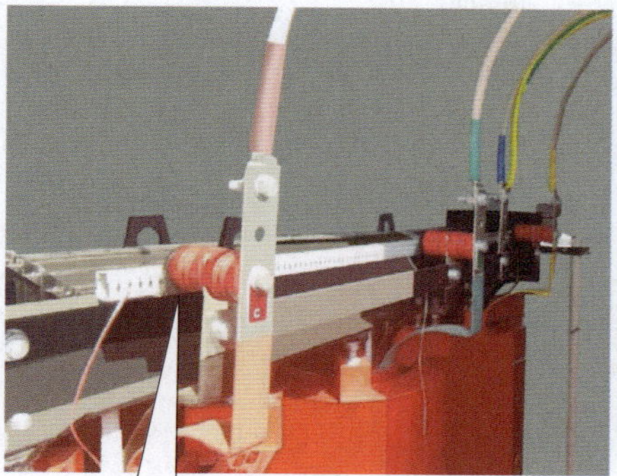

清扫外绝缘，检查导线接头。应清洁、无杂物，一次引接线应连接可靠

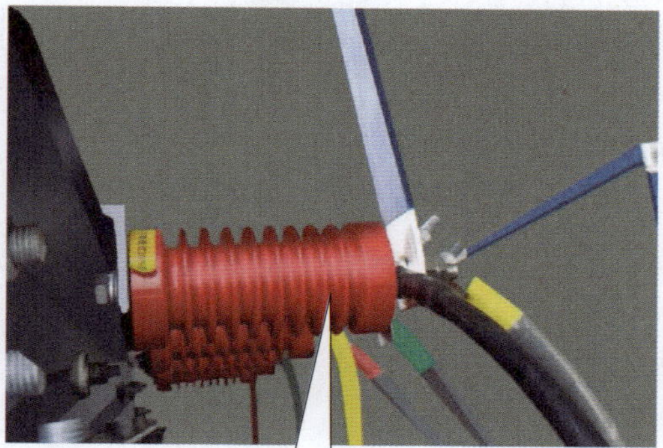

检查瓷套有无破损、裂痕、掉釉现象，根据破损情况修复或更换，或用强力胶粘接修复碰掉的小瓷块，检查增爬裙的黏着情况及憎水性，若老化失效，应予更换。检查防污涂层的憎水性，若失效，应重新涂覆

检查调压装置转动部分灵活，无卡塞现象、主触头表面清洁等，具体可参考第三章分接开关检修相关内容

检查测量装置及控制箱，并进行调试无异常